AGA_A_3050_04. Mantenimiento y cultivo del suelo

Miguel Ángel Maya Álvarez

ic editorial

AGA_A_3050_04. Mantenimiento y cultivo del suelo
© Miguel Ángel Maya Álvarez

1ª Edición

© IC Editorial, 2026

Editado por: IC Editorial
c/ Cueva de Viera, 2, Local 3
Centro Negocios CADI
29200 Antequera (Málaga)
Teléfono: 952 70 60 04
Fax: 952 84 55 03
Correo electrónico: iceditorial@iceditorial.com
Internet: www.iceditorial.com

ISBN: 979-13-7027-202-9
Depósito Legal: MA 604-2026

Impresión: PODiPrint
Impreso en Andalucía – España

Nota de la editorial: IC Editorial pertenece a Innovación y Cualificación S. L.

Presentación del manual

El **Certificado Profesional,** anteriormente llamado Certificado de Profesionalidad, constituye el Grado C en el Sistema de Formación Profesional, asociado a un perfil profesional. Acredita la capacitación para el desarrollo de una actividad profesional concreta a través de las competencias adquiridas. Tiene carácter parcial y acumulable cuando existan Ciclos Formativos (Grado D) en los que sus módulos profesionales se encuentren contenidos en su totalidad o en parte.

El elemento mínimo acreditable es el **Estándar de Competencia.** La suma de las acreditaciones de los Estándares de Competencia conforma la acreditación del **Módulo Profesional** (Grado B).

Un Estándar de Competencia se define como una agrupación de tareas productivas que realiza el profesional. Los diferentes Estándares de Competencia de un Certificado Profesional conforman la **Competencia General.** Definiendo el conjunto de conocimientos y capacidades que permiten el ejercicio de una actividad profesional determinada.

Cada Estándar o Estándares de Competencia lleva asociado un Módulo Profesional, donde se describe la formación necesaria para adquirir ese Estándar de Competencia, pudiendo dividirse en **Bloques Formativos** (Grado A).

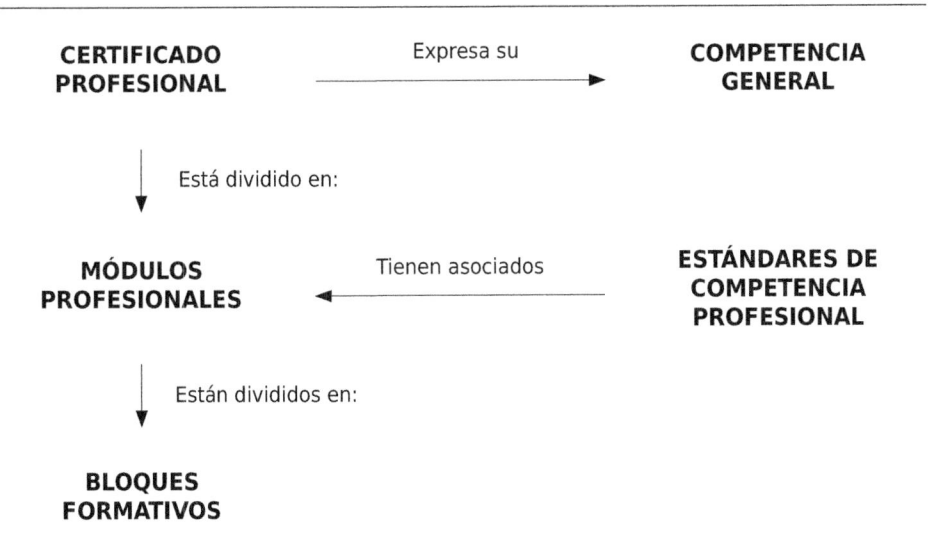

El presente manual desarrolla el Bloque Formativo **AGA_A_3050_04. Mantenimiento y cultivo del suelo,**

Perteneciente al Módulo Profesional **AGA_B_3050. Actividades de riego, abonado y tratamientos en cultivos,**

Asociado al Estándar/Estándares de Competencia:

⇨ **UC0518_1:** Realizar operaciones auxiliares para el riego, abonado y aplicación de tratamientos en cultivos agrícolas.

del Certificado Profesional **AGA_C_001_3B. Operaciones básicas en viveros y centros de jardinería.**

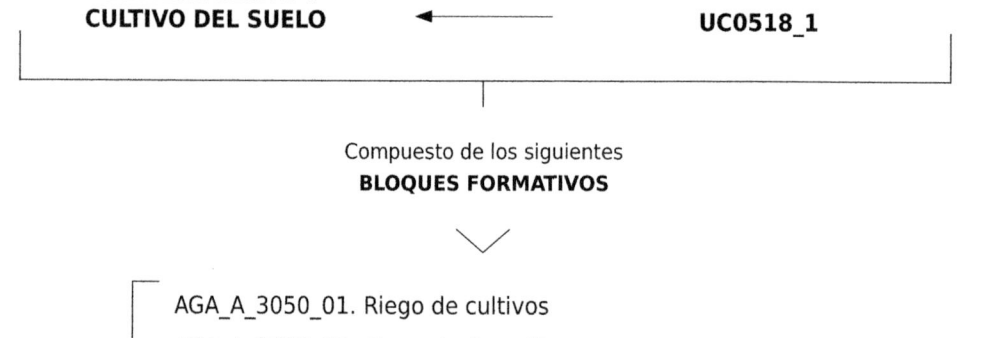

AGA_A_3050_04

MANTENIMIENTO Y CULTIVO DEL SUELO

Tiene asociado el

ESTÁNDAR DE COMPETENCIA

UC0518_1

Compuesto de los siguientes
BLOQUES FORMATIVOS

TÍTULOS

AGA_A_3050_01. Riego de cultivos

AGA_A_3050_02. Abonado de cultivos

AGA_A_3050_03. Tratamientos fitosanitarios

AGA_A_3050_04. Mantenimiento y cultivo del suelo

Contenidos desarrollados en este manual

FICHA DE CERTIFICADO PROFESIONAL

AGA_C_001_3B. OPERACIONES BÁSICAS EN VIVEROS Y CENTROS DE JARDINERÍA
(Real Decreto 207/2025, de 18 de marzo)

COMPETENCIA GENERAL: Producción de planta en invernaderos o en centros de jardinería operando con la calidad indicada, observando las normas de prevención de riesgos laborales y protección medioambiental correspondientes.

Estándares de Competencias Profesionales		Ocupaciones o puestos de trabajo relacionados
UC0520_1	Realizar operaciones auxiliares para la producción y mantenimiento de plantas en viveros y centros de jardinería.	• Peones/as de vivero. • Peones/as de centros de jardinería.
UC0518_1	Realizar operaciones auxiliares para el riego, abonado y aplicación de tratamientos en cultivos agrícolas.	
UC0517_1	Realizar operaciones auxiliares para la preparación del terreno, siembra y plantación de cultivos agrícolas.	

Correspondiencia con el Catálogo Modular de Formación Profesional		
Módulos profesionales	**Bloques formativos**	**Horas**
AGA_B_3050. Actividades de riego, abonado y tratamientos en cultivos. (250 h)	AGA_A_3050_01. Riego de cultivos	55
	AGA_A_3050_02. Abonado de cultivos	55
	AGA_A_3050_03. Tratamientos fitosanitarios	55
	AGA_A_3050_04. Mantenimiento y cultivo del suelo	85
AGA_B_3051. Operaciones auxiliares de preparación del terreno, plantación y siembra de cultivos. (140 h)	AGA_A_3051_01. Preparación del terreno para la implantación de material vegetal	40
	AGA_A_3051_02. Recepción del material vegetal	30
	AGA_A_3051_03. Instalación de pequeñas infraestructuras de protección de cultivos	35
	AGA_A_3051_04. Siembra y trasplante de plantas	35
AGA_B_3053. Operaciones básicas de producción y mantenimiento de plantas en viveros y centros de jardinería. (215 h)	AGA_A_3053_01. Preparación del terreno de un vivero	50
	AGA_A_3053_02. Instalación de infraestructuras básicas de un vivero	50
	AGA_A_3053_03. Producción de planta	60
	AGA_A_3053_04. Preparación de plantas para comercialización	55
1782. Prevención de riesgos laborales		30

Índice

Unidad de aprendizaje 4
Normas medioambientales y de prevención de riesgos laborales en operaciones culturales

OBJETIVOS GENERALES

Los objetivos generales del **AGA_A_3050_04. Mantenimiento y cultivo del suelo,** son los siguientes:

- ⮱ Caracterizar las máquinas, herramientas y útiles propios del mantenimiento del suelo y/o cultivo.
- ⮱ Determinar el momento de la realización de las labores de mantenimiento de suelos y cultivos.
- ⮱ Justificar las labores de mantenimiento como medio de aumento de la producción y de la calidad de la misma.
- ⮱ Relacionar el mantenimiento con el cultivo y tipo de suelo.
- ⮱ Identificar los útiles y herramientas para el "entutorado" de las plantas.
- ⮱ Realizar la operación de "entutorado", en función del cultivo de que se trate.
- ⮱ Deducir las herramientas o útiles para la poda de las especies que la requieran.
- ⮱ Realizar la operación de poda del cultivo asignado.
- ⮱ Tener en cuenta los sistemas de control ambiental.
- ⮱ Realizar las labores de limpieza y mantenimiento básico de las instalaciones, equipos y herramientas utilizados.
- ⮱ Emplear los equipos de protección individual.

Labores culturales para el mantenimiento de las condiciones de cultivo

Contenido

Objetivos

Los objetivos específicos de esta Unidad de Aprendizaje son:

→ Relacionar las labores de mantenimiento con las características de cada cultivo y el tipo de suelo.

→ Determinar el momento adecuado para realizar las tareas de mantenimiento en suelos y cultivos.

→ Describir las principales labores culturales, como el labrado, la fertilización, la siembra, el riego, el control fitosanitario y el entutorado.

→ Realizar correctamente la operación de entutorado adaptándola al cultivo específico.

→ Identificar los útiles, herramientas y accesorios necesarios para realizar correctamente el entutorado de plantas.

→ Considerar los diferentes sistemas de control ambiental aplicables durante las labores de mantenimiento.

1. Introducción

El mantenimiento de las condiciones de cultivo abarca una serie de labores culturales, las cuales se realizan para mejorar el estado del suelo y asegurar el desarrollo saludable de las plantas. Estas prácticas son fundamentales en la agricultura moderna, especialmente en viveros y centros de jardinería, donde la calidad del material vegetal es imprescindible.

La preparación del suelo es el primer paso en este proceso, que incluye tareas como la eliminación de obstáculos, y la mejora de la estructura y la fertilidad del terreno. Estas labores iniciales son necesarias para crear un ambiente propicio para la siembra y el crecimiento de las plantas.

El manejo del suelo incluye prácticas como el laboreo, que ayuda a mejorar la aireación y la capacidad de retención de agua, y la aplicación de enmiendas y fertilizantes para corregir desequilibrios nutricionales. Otras tareas que realizar son el control de malas hierbas y la prevención de enfermedades. La eliminación de vegetación no deseada y la aplicación de tratamientos fitosanitarios ayudan a proteger los cultivos de plagas y enfermedades, asegurando así su crecimiento y su desarrollo óptimos.

El uso de técnicas de control ambiental, como la calefacción, la refrigeración y la humidificación en invernaderos, permite crear condiciones ideales para el cultivo de plantas en entornos controlados.

En los viveros y los centros de jardinería, el uso de sustratos adecuados es una práctica tan habitual como el cultivo en el suelo, ya que proporcionan las condiciones óptimas de crecimiento.

Para conocer las labores culturales para el mantenimiento de las condiciones de cultivo, nos basaremos en el caso de Jorge, un agricultor que ha adquirido recientemente una finca en la provincia de Málaga, donde planea instalar un vivero de plantas ornamentales, hortícolas y forestales. El terreno, que nunca antes había sido cultivado, fue una dehesa de ganado.

2. El suelo agrícola

👉 HILO CONDUCTOR

La primera tarea que ha realizado Jorge es encargar a un laboratorio especializado un análisis del suelo de la finca que ha adquirido. Una vez que conozca los resultados, podrá decidir si debe realizar algún tipo de corrección del terreno de cultivo.

El suelo se define, desde el punto de vista **geológico,** como la parte superficial de la corteza terrestre que proviene de la desintegración o alteración física y química de las rocas, así como de los residuos de las actividades de los seres vivos que se asientan sobre él. Está compuesto por una mezcla de partículas minerales, materia orgánica, agua, aire y organismos vivos que le confieren unas propiedades muy complejas y variables.

El suelo aparece ordenado en distintas capas, conocidas como **horizontes,** cada una de las cuales tiene unas características propias en cuanto a granulometría, composición mineral, cantidad de materia orgánica, grado de descomposición de la roca madre, etc.

Los **horizontes del suelo** son:

Horizonte O (orgánico)	Es la capa más superficial, formada principalmente por restos vegetales en descomposición como hojas y ramas. Rica en materia orgánica, contribuye a la fertilidad y a la actividad biológica del suelo. Esta capa puede estar ausente en suelos agrícolas intensamente cultivados o aparecer con muy poco espesor.
Horizonte A (superficial o capa arable)	Es la capa donde se desarrollan la mayoría de las raíces de los cultivos y donde se realiza la mayor actividad biológica. Contiene una mezcla de materia orgánica (humus) y minerales, lo que le da un color oscuro. Es la capa más importante para la agricultura, ya que aporta la mayor parte de los nutrientes y retiene bien la humedad. La pérdida de este horizonte por erosión afecta gravemente a la productividad agrícola.
Horizonte B (subsuelo)	Se encuentra debajo del horizonte A y es una zona de acumulación de materiales lixiviados desde las capas superiores, como arcillas, óxidos de hierro y otros minerales. Tiene menor contenido de materia orgánica y menos actividad biológica, pero puede almacenar nutrientes y agua que las raíces profundas pueden aprovechar.

Continúa en página siguiente >>

<< Viene de página anterior

Horizonte C (material parental)	Está compuesto por fragmentos de roca y minerales poco alterados. Es la base sobre la que se desarrollan los horizontes superiores y, aunque no es fértil, su descomposición a largo plazo aporta minerales al suelo.
Horizonte D o R (roca madre)	Es la roca intacta que no ha sufrido alteraciones significativas. No participa directamente en el cultivo, pero determina la evolución y la composición mineralógica del suelo.

Hay muchas ocasiones en las que los horizontes no están claramente definidos, e incluso a veces existe una capa conocida como **horizonte E, o capa de eluviación,** que se encuentra entre el horizonte A y el B. Tiene color claro y poca cantidad de arcillas, materia orgánica y minerales, que han sido lavados y transportados a capas inferiores.

La estructura y la composición de los horizontes también influyen en la aireación, la circulación del agua y la vida microbiana, factores clave para el desarrollo saludable de los cultivos.

La calidad y la profundidad del horizonte A determinan la capacidad de cultivo del suelo, ya que de él dependen la disponibilidad de nutrientes y la retención de agua. El horizonte B puede ser importante en cultivos de plantas con raíces profundas, permitiendo su desarrollo y el acceso a reservas de agua y nutrientes en períodos de sequía.

 RECUERDA

El horizonte O puede estar ausente, o aparecer en una capa muy delgada, en los suelos que han sido cultivados de manera intensiva.

El **suelo agrícola** se define como la capa más superficial de la corteza terrestre transformada y gestionada por la acción humana para la producción de cultivos. A diferencia de un suelo en su estado natural o geológico, el agrícola es el resultado de una intervención deliberada que busca optimizar sus características para satisfacer las necesidades de las plantas cultivadas. No es simplemente una masa inerte de minerales, sino un ecosistema dinámico cuya capacidad productiva se mantiene o mejora a través de prácticas como el laboreo, la fertilización o el riego.

La mayoría de las tierras de cultivo están formadas por gran variedad de elementos orgánicos (microorganismos, bacterias, hongos, insectos, etc.) e inorgánicos (tierras, arenas, piedras, minerales, etc.). Este conjunto es aprovechado por las plantas para desarrollarse, por lo que la adecuada relación entre estos componentes determina la capacidad de hacer crecer el cultivo.

2.1. Nutrientes

Un concepto muy importante en el suelo es la **fertilidad,** que hace referencia a la riqueza en nutrientes (elementos químicos) esenciales para el crecimiento de las plantas. También se refiere a la capacidad para que dichos nutrientes sean realmente aprovechados por las raíces. Estas sustancias que requieren las plantas se clasifican según la cantidad requerida y su función fisiológica.

Los **macronutrientes** son aquellos que las plantas necesitan en mayor proporción. Se dividen en dos categorías: primarios y secundarios. Los primarios son fundamentales para el crecimiento, la formación de raíces y la producción de frutos, mientras que los secundarios participan en la estructura de los tejidos, la fotosíntesis y el metabolismo celular.

Por otra parte, los **micronutrientes,** aunque se requieren en cantidades mucho menores, resultan indispensables para numerosos procesos enzimáticos y fisiológicos. La ausencia o el exceso de cualquiera de estos elementos puede provocar desequilibrios y afectar negativamente al desarrollo de los cultivos. Por ello, es fundamental mantener una nutrición vegetal equilibrada, ajustada a las características del suelo y las necesidades específicas de cada planta, asegurando así una producción eficiente y sostenible.

Cada nutriente desempeña una serie de funciones dentro de la planta. Todos son necesarios en la cantidad adecuada, ya que tanto el exceso como la falta de cualquiera de ellos pueden perjudicar al crecimiento y el desarrollo vegetal.

La siguiente tabla detalla los **elementos,** según su clasificación, y sus funciones:

Clasificación	Nutriente	Función
Macronutrientes primarios	Nitrógeno (N)	Constituyente de proteínas, aminoácidos, ácidos nucleicos, clorofila y coenzimas. Favorece el desarrollo vegetativo y el crecimiento de la planta.
	Fósforo (P)	Forma parte de los ácidos nucleicos, los fosfolípidos y el ATP. Interviene en la división celular, la formación de semillas, frutos y raíces, y en la floración.
	Potasio (K)	Interviene en la regulación hídrica de la planta, en la fotosíntesis, en el transporte de azúcares y en la resistencia frente a enfermedades.
Macronutrientes secundarios	Calcio (Ca)	Constituyente de la pared celular. Participa en la división celular y en el crecimiento de raíces y yemas.
	Magnesio (Mg)	Constituyente de la molécula de clorofila. Activa numerosas enzimas.
	Azufre (S)	Forma parte de aminoácidos y proteínas. Interviene en la formación de la clorofila y en la síntesis de vitaminas.
Micronutrientes	Hierro (Fe)	Interviene en la formación de la clorofila y en procesos de oxidación-reducción de la planta.
	Manganeso (Mn)	Activa enzimas, interviene en la fotosíntesis y la respiración.
	Zinc (Zn)	Participa en la síntesis de auxinas (fitohormonas de crecimiento).
	Cobre (Cu)	Interviene en la fotosíntesis y en la activación de enzimas.
	Boro (B)	Facilita la división celular, la formación de la pared celular y el transporte de azúcares.
	Molibdeno (Mo)	Interviene en la fijación del nitrógeno atmosférico por las leguminosas y en el metabolismo del nitrógeno.
	Cloro (Cl)	Interviene en el equilibrio osmótico y en la regulación de la apertura y el cierre de estomas.
	Níquel (Ni)	Contribuye al equilibrio del hierro, regulando la absorción y la utilización de este nutriente.

2.2. Fertilidad y tipos

Para entender correctamente la fertilidad del suelo hay que distinguir entre fertilidad **física, biológica y química.**

 **RECUERDA**

El horizonte O puede estar ausente, o aparecer en una capa muy delgada, en los suelos que han sido cultivados de manera intensiva.

Fertilidad física

La **fertilidad física** es la capacidad del suelo para ofrecer sustento a las plantas. Los **factores** que determinan las propiedades físicas del suelo son:

- ➲ **Textura.** Es el porcentaje en arcilla, arena y limo que tiene el suelo. Una buena textura posibilita la capacidad del suelo de retener agua, la aireación, el drenaje y la fertilización. Existen tres grandes tipos de suelos, atendiendo a sus distintas texturas:

  - ◑ **Arenosa:** con menos del 15 % de arcilla, es muy porosa y permite que el agua pase rápidamente a las capas más profundas. Es pobre en nutrientes.
  - ◑ **Franca:** contiene menos del 25 % de arcilla y, en general, es muy adecuada para el crecimiento de las plantas. Su composición varía según la proporción de arena, limo y arcilla, por lo que su aptitud para el cultivo dependerá de la especie vegetal.
  - ◑ **Arcillosa:** contiene más de un 25 % de arcilla. Sus partículas son microscópicas, formando una masa viscosa y moldeable al mojarse. Tiene baja permeabilidad, lo que causa encharcamientos. Es un suelo pesado que se compacta y agrieta al secarse, siendo poco útil para el cultivo. Se puede corregir añadiendo arena y materia orgánica, como mantillo o compost.

- ➲ **Estructura.** La estructura se refiere al tamaño y la disposición de las partículas del suelo. Puede ser:

  - ◑ **Laminar:** los componentes tienen forma de pequeñas láminas. Dificulta la penetración de las raíces y la germinación de las semillas.

- **Granular:** los componentes tienen formas redondas o esferoides. Son porosos, lo que facilita el crecimiento de las raíces y la circulación del agua.
- **En bloques:** compuesto por partículas de formas planas y redondeadas.
- **Prismática:** sus componentes son alargados verticalmente. Es común en suelos arcillosos.

- **Porosidad.** Es el espacio vacío entre las partículas del suelo. Los macroporos son los espacios grandes llenos de aire, y los microporos son los pequeños donde se retiene el agua. El aire en el suelo tiene más dióxido de carbono que oxígeno, debido a la respiración de las raíces y los microorganismos.
- **Permeabilidad.** Es la resistencia del suelo a la penetración del agua. Un suelo es más permeable cuanto mayor sea su porosidad. Se mide por la velocidad del flujo de agua a través del suelo en un período determinado y se cuantifica con el índice de permeabilidad en unidades como cm/h o m/s.
- **Color.** Es un indicador de su composición y sus condiciones. Los suelos oscuros suelen indicar un alto contenido de materia orgánica. Los rojos y amarillos sugieren la presencia de óxidos de hierro. Los grises o azulados pueden indicar condiciones de mal drenaje, lo que se conoce como gleyzación.
- **Capacidad de retener agua.** Depende de la estructura y la porosidad. En agricultura, la capacidad de campo es la cantidad máxima de agua que el suelo puede retener, mientras que el punto de marchitez es el nivel de humedad en el que la planta muestra síntomas de debilidad.
- **Densidad.** Es la mayor o menor cantidad de masa en un determinado volumen.

  - **Densidad aparente:** es la masa del suelo seco por unidad de volumen, incluyendo el espacio poroso. Un suelo más denso suele indicar compactación.
  - **Densidad real:** es la masa del suelo seco por unidad de volumen de las partículas sólidas, sin incluir el espacio poroso.

- **Profundidad.** Es la distancia vertical que las raíces pueden penetrar sin obstáculos. Una buena profundidad permite a las plantas acceder a más agua y nutrientes, y les proporciona estabilidad. Los suelos poco profundos limitan el desarrollo de las raíces, haciendo a los cultivos más vulnerables a la sequía y al estrés nutricional.
- **Resistencia a la penetración.** Conocida como dureza o compactación del suelo, es la fuerza que la raíz debe aplicar para crecer. Es un indicador de la densidad y está ligada a la capacidad del suelo para permitir el crecimiento de las raíces y el movimiento de agua y aire. Se mide con un

compactómetro en kilopascales (kPa). Los valores superiores a 2.000 kPa indican suelos muy compactados que limitan severamente el crecimiento de las raíces.

 PARA SABER MÁS

Las distintas manchas de color que se observan en el suelo pueden ayudarnos a identificar determinados problemas. En la siguiente web se describen, accede desde aquí:

https://redirectoronline.com/3050040101

Fertilidad biológica

La **fertilidad biológica** se refiere a la capacidad del suelo para mantener la vida de los organismos que habitan en él y también a la actividad que estos seres realizan, contribuyendo a la salud y la productividad de los cultivos. En el suelo se pueden distinguir:

- **Microorganismos.** Incluyen bacterias, hongos, actinomicetos, algas y protozoos. Desempeñan roles vitales en:
  - Descomposición de la materia orgánica y liberación de nutrientes (mineralización).
  - Ciclo del nitrógeno (fijación, nitrificación, desnitrificación).
  - Formación de agregados del suelo.
  - Control de enfermedades y plagas.

- **Macrofauna y mesofauna.** Son pequeños seres vivos como lombrices de tierra, insectos, arañas, ácaros, nematodos, etc. Contribuyen a:

  - Aireación y mezcla del suelo (lombrices).
  - Descomposición de la materia orgánica.
  - Formación de túneles que facilitan la penetración de raíces y el movimiento de agua y aire.

- **Materia orgánica viva (biomasa microbiana).** Representa la cantidad total de microorganismos presentes en el suelo. Es un indicador clave de la salud y la actividad biológica del suelo.
- **Actividad enzimática.** Las enzimas producidas por los microorganismos y las raíces de las plantas son responsables de muchas transformaciones químicas en el suelo, influyendo en la disponibilidad de nutrientes.

 VÍDEO

En el siguiente vídeo podrás conocer la importancia de las lombrices. Accede al vídeo desde aquí:

https://redirectoronline.com/3050040102

Fertilidad química

La **fertilidad química** es la capacidad que tiene el suelo para poder suministrar a la planta los nutrientes que necesita. Los **parámetros** más importantes son:

pH

- Es la medida de la acidez o alcalinidad del suelo, en una escala del 0 al 14. Este factor químico es crucial para la fertilidad, ya que afecta a la solubilidad y la disponibilidad de nutrientes para las plantas. Por ejemplo, los macronutrientes primarios como el nitrógeno, el fósforo y el potasio están más disponibles en suelos con un pH de ligeramente ácido a neutro (entre 6.0 y 7.0), mientras que los micronutrientes como el hierro son más solubles en suelos ácidos. Además, la mayoría de los microorganismos beneficiosos del suelo prosperan en un rango de pH cercano a la neutralidad. Los valores de pH extremos, tanto ácidos como alcalinos, pueden inhibir su actividad. Para medir el pH se utiliza un dispositivo electrónico y portátil llamado pHmetro, compuesto por un cuerpo principal (o medidor) con una pantalla digital que muestra el valor. Conectado a él mediante un cable, se encuentra una sonda con un bulbo sensible en el extremo, que es la parte que se entierra en el suelo.

Salinidad

- La salinidad se refiere a la concentración de sales solubles en el suelo. Un exceso de sales puede tener efectos negativos importantes, como el estrés hídrico, donde las plantas tienen dificultad para absorber agua a pesar de que el suelo esté húmedo. Además, las sales pueden causar desequilibrios nutricionales al interferir con la absorción de nutrientes esenciales. Si la sal predominante es el sodio, puede degradar la estructura del suelo, dificultando el drenaje y la aireación. La salinidad se mide a través de la conductividad eléctrica (CE); un valor de CE alto indica una alta concentración de sales.

Capacidad de intercambio catiónico (CIC)

- Es la capacidad del suelo o sustrato para retener y liberar nutrientes para las plantas. Un sustrato con una CIC alta puede guardar más nutrientes, liberándolos gradualmente y evitando su pérdida. Esto no solo ayuda a prevenir deficiencias nutricionales, sino que también permite un uso más eficiente y económico de los fertilizantes. La CIC también contribuye a la estabilidad del pH, ya que un sustrato con una buena CIC puede amortiguar los cambios bruscos. Por último, al entender la CIC de los diferentes componentes, se pueden crear mezclas de sustrato más equilibradas.

*Medidor de pH
(pHmetro)*

Tanto la fertilidad física como la biológica y la química están muy relacionadas entre sí, activando sus funciones o, por el contrario, perjudicándolas. Por ejemplo, puede darse que en suelos con la salinidad muy elevada se impida la actividad biológica, e incluso se termine con ella en algunos casos.

Otras variables que también definen la fertilidad del suelo son la **climatología** y las **labores culturales** que se realicen.

NOTA

Un suelo constantemente labrado, y expuesto a cambios de temperatura, frecuentes lluvias y escorrentías, es más fácilmente modificable que uno que no está expuesto a estos factores.

3. Preparación del terreno de cultivo y labores profundas

☞ **HILO CONDUCTOR**

Para ir preparando el terreno de cultivo, Jorge tiene que eliminar algunos tocones, quitar piedras y realizar algunas labores profundas, como el desfonde y el
subsolado. Para ello, contratará a una empresa agrícola que tiene la maquinaria
necesaria para ejecutar estas tareas.

Para que el desarrollo de cualquier cultivo sea el adecuado, es fundamental
realizar una serie de tareas básicas de preparación del terreno. Algunas de
estas labores se centran en las capas más profundas del suelo, y buscan
mejorar la estructura y el drenaje, y otras se enfocan en la prevención de la
erosión. Previamente a la preparación de las capas más profundas, es necesario eliminar todos los obstáculos existentes en el terreno.

3.1. Destoconado

Cuando una planta muere de forma natural o accidental, su parte aérea se
descompone o se retira; sin embargo, el conjunto de las raíces y la parte del
tronco principal quedan enterrados. Estos restos subterráneos, conocidos
como **tocones,** representan un obstáculo importante para las labores agrícolas, ya que interfieren con la maquinaria y los aperos. Además, dificultan
el desarrollo adecuado de los cultivos en las áreas donde se encuentran
estas raíces. Por lo tanto, es necesario realizar el destoconado (eliminación
o extracción del tocón) antes de la siembra.

Asimismo, los tocones pueden servir de refugio a diversos organismos inde-
seables, como insectos, nematodos y otros patógenos, incluyendo hongos
y bacterias.

Para eliminarlos, se puede emplear maquinaria agrícola o de construcción,
como excavadoras, o bien utilizar equipos específicos conocidos como
destoconadoras, las cuales están disponibles como máquinas individuales
o como implementos acoplables a un tractor.

Tocón de árbol

3.2. Despedregado

Para labrar el suelo, es necesario retirar de la zona las piedras que no tienen el tamaño adecuado. Ya sea transportándolas a otras zonas o desplazándolas hacia otro lugar dentro de la propia explotación, hay que eliminarlas del terreno de cultivo. En ocasiones, y dependiendo del tamaño y del tipo de piedras, se trocean en fragmentos menores.

Una vez libre de piedras, puede cultivarse de manera más eficiente, facilitando las labores agrícolas, reduciendo el desgaste de los aperos y mejorando los rendimientos al permitir que la maquinaria agrícola trabaje a mayor velocidad.

Para el despedregado se utilizan aperos o máquinas que permiten seleccionar el tamaño específico de las piedras que hay que retirar, asegurando que solo se extraigan del campo aquellas que son inapropiadas. Conocidas como **despedregadoras,** están diseñadas para operar eficazmente en terrenos llenos de obstáculos, piedras, ramas, etc.

3.3. Desfonde

Es una labor que se realiza en las capas más profundas del terreno mediante el volteo del suelo, al mismo tiempo que se fragmenta o rompe. Al desfondar, se modifica la posición de las distintas capas del terreno.

El desfonde tiene los siguientes **objetivos:**

⊃ **Descompactar las capas más duras.** Con el tiempo, el suelo puede compactarse debido al paso de maquinaria pesada, el riego o la propia naturaleza del terreno. Esta compactación crea capas duras e impermeables, conocidas como suelas de arado o pisos de labor, que impiden el desarrollo adecuado de las raíces. El desfonde fractura estas capas, permitiendo que el suelo recupere su estructura original, más porosa y aireada.

⊃ **Mejorar el crecimiento de las raíces.** Un suelo descompactado ofrece menos resistencia al crecimiento de las raíces. Al eliminar las barreras físicas que suponen las capas duras, las raíces pueden explorar un volumen de suelo mucho mayor, acceder a más agua y nutrientes, y anclarse con mayor firmeza, lo que se traduce en un mejor desarrollo de la planta y mayor resistencia a condiciones adversas.

⊃ **Enriquecer las capas más profundas.** Aportando nutrientes y materia orgánica. Aunque la labor principal del desfonde no es mezclar las capas superficiales con las profundas, al romper el suelo y generar cavidades, se facilita la incorporación y la penetración de materia orgánica y nutrientes presentes en la superficie o aplicados posteriormente. Esto promueve una distribución más homogénea de los recursos esenciales en el perfil del suelo, haciendo que estén disponibles para las raíces a mayor profundidad.

⊃ **Mejorar la capacidad de absorción de agua.** Las capas compactadas dificultan la infiltración del agua, lo que puede provocar encharcamientos superficiales y escorrentía, impidiendo que el agua llegue a las raíces. El desfonde aumenta la porosidad del suelo, creando canales que permiten que el agua de lluvia o de riego penetre de manera más eficiente y se almacene en las capas más profundas, optimizando el aprovechamiento hídrico.

⊃ **Mejorar el drenaje.** Un suelo bien estructurado y descompactado no solo absorbe mejor el agua, sino que también facilita su drenaje. Esto es fundamental para evitar la saturación hídrica que puede asfixiar las raíces y promover enfermedades, especialmente en suelos con tendencia a retener mucha humedad. Un buen drenaje asegura un equilibrio óptimo entre agua y aire en el suelo.

⊃ **Permitir la aireación del suelo.** Las raíces, al igual que los microorganismos del suelo, necesitan oxígeno para llevar a cabo sus funciones vitales. La compactación reduce los espacios de aire en el suelo, limitando la disponibilidad de oxígeno y creando condiciones anaeróbicas que son perjudiciales para el crecimiento de las plantas. El desfonde abre el suelo, mejorando la circulación del aire y favoreciendo la actividad biológica beneficiosa.

⊃ **Destruir raíces profundas.** En ocasiones, después de un cultivo, pueden quedar en las capas más profundas del suelo restos de raíces que podrían competir por los nutrientes o albergar plagas y enfermedades.

El desfonde ayuda a desintegrar y eliminar estas raíces residuales, preparando un lecho de siembra limpio y minimizando el riesgo de problemas para el siguiente cultivo.

⊃ **Eliminar restos y obstáculos del terreno.** En el terreno puede haber piedras, tocones, restos plásticos, etc. Durante el proceso de desfonde, la maquinaria utilizada puede remover y sacar a la superficie diversos obstáculos que se encuentren enterrados en el suelo, como piedras grandes, tocones de árboles, restos de materiales de construcción o plásticos. La eliminación de estos elementos facilita las labores agrícolas posteriores, previene daños a la maquinaria y mejora la uniformidad del terreno para el establecimiento del cultivo.

Esta labor se realiza con un apero llamado **arado de desfonde.** Es muy robusto, diseñado para romper suelos compactos a grandes profundidades. Consta de una serie de brazos verticales con las puntas construidas de un acero muy resistente.

Para utilizar el arado de desfonde, el suelo debe estar en óptimas condiciones de humedad, ni muy seco ni muy mojado, ya que, de lo contrario, la ejecución de esta tarea se vería entorpecida y se retrasaría. Además, si no se realiza correctamente, su efectividad en el tiempo de acortará.

Al desfondar, hay que tener precaución, ya que existe el riesgo de erosionar el terreno y mezclar las distintas capas que lo componen, por lo que hay que observar las distintas curvas de nivel y las pendientes que presenta el terreno. La profundidad a la que se realiza es de entre 40 y 60 cm, aunque depende del tipo de suelo y del cultivo que se vaya a llevar a cabo. Hay ocasiones en las que es necesario profundizar un poco más, incluso hasta los 70 cm en casos específicos.

 **RECUERDA**

El desfonde se realiza siempre en las capas más profundas del suelo.

3.4. Subsolado

Se lleva a cabo previamente al comienzo del cultivo. Es, como el desfonde, una labor profunda que se lleva a cabo para romper los distintos horizontes o capas del suelo de manera vertical.

IMPORTANTE

El subsolado, a diferencia del desfonde, es una labor donde no se mezclan las distintas capas que forman el terreno.

Se ejecuta con un tractor que lleva un apero llamado **subsolador** que abre un surco en el suelo y al mismo tiempo rompe la tierra que se sitúa encima de este. Al realizar esta labor, se facilita el drenaje del agua y se evita que se produzcan encharcamientos en la superficie. Una vez realizado el subsolado se crea una red de galerías en el suelo, lo cual permite el paso del aire y del agua. Además, consigue que el crecimiento de las raíces del cultivo sea a una gran profundidad.

Es de gran importancia que el suelo no esté muy húmedo para evitar que se resquebraje y disgregue. Si se realiza esta tarea con el suelo mojado, no se mezclarán las capas y solo se realizará un corte en vertical.

El subsolado, normalmente, se lleva a cabo a una profundidad de entre 30 y 60 cm, según las necesidades, el tipo de suelo, el cultivo que se vaya a implantar, etc. En ocasiones, al igual que el desfonde, es necesario llegar a mayor profundidad, incluso hasta los 100 cm.

Es importante realizar la labor de subsolado con los elementos adecuados, cono son un tractor de gran potencia y un apero específico para esta labor. El subsolado tiene los siguientes **objetivos:**

- ⮑ **Disminuir la densidad y la compactación del suelo.** La compactación del suelo es un problema común causado por el paso de maquinaria pesada, el tráfico de personas o animales, o incluso por la propia naturaleza del terreno. Esta compactación reduce los espacios porosos, aumentando la densidad del suelo y dificultando el desarrollo radicular y la circulación de agua y aire. El subsolado rompe estas capas compactadas, disminuyendo la densidad del suelo y permitiendo que las raíces se extiendan con mayor facilidad.
- ⮑ **Evitar encharcamientos.** Al mejorar la capacidad de penetración y drenaje del agua, el subsolado es muy efectivo para prevenir encharcamientos en la superficie del terreno. Los encharcamientos pueden asfixiar las raíces de las plantas, promover el desarrollo de enfermedades y dificultar la realización de otras labores agrícolas. Un buen drenaje superficial y subsuperficial es fundamental para la salud del cultivo.

- **Facilitar la infiltración del agua.** La compactación del suelo impide que el agua de lluvia o de riego se infiltre adecuadamente, lo que puede llevar a la escorrentía superficial y a una menor disponibilidad de agua para las plantas. El subsolado crea conductos verticales en el perfil del suelo, lo que mejora drásticamente la capacidad de infiltración y percolación del agua. Esto asegura que el agua llegue a las capas más profundas, donde las raíces pueden acceder a ella de manera eficiente.
- **Aumentar el volumen de espacio entre las partículas del suelo.** Cuando se subsuela, el apero levanta y rompe el suelo, creando un mayor volumen de espacio entre las partículas. Estos espacios son cruciales para el almacenamiento de agua y aire, así como para el crecimiento sin restricciones de las raíces. Un mayor volumen de espacio poroso mejora la estructura del suelo, haciéndolo más apto para el desarrollo de cultivos.
- **Facilitar la aireación.** Un suelo compactado tiene poco espacio para el aire, lo que crea condiciones anaeróbicas (sin oxígeno) que son perjudiciales para la vida microbiana beneficiosa y el desarrollo de las raíces. Al subsolar, se crean canales y grietas que aumentan la porosidad del suelo, permitiendo una mejor circulación del aire. Esto es vital para la respiración de las raíces y la actividad de los microorganismos del suelo, que son esenciales para la disponibilidad de nutrientes.
- **Permitir la realización del resto de labores agrícolas.** Un suelo bien subsolado y con una estructura mejorada facilita enormemente las labores agrícolas posteriores. La preparación del lecho de siembra y plantación, la fertilización y el manejo de plagas y enfermedades se vuelven más eficientes y efectivos en un suelo con buena aireación, drenaje y estructura. El subsolado sienta las bases para el éxito de todo el ciclo de cultivo.

 CONSEJO

Para realizar un subsolado efectivo, hay que asegurarse de que el suelo tenga una humedad adecuada (ni muy seco ni muy mojado) y utilizar un tractor con la potencia adecuada para alcanzar una profundidad de 30-60 cm.

4. Desinfección

☞ HILO CONDUCTOR

Jorge programa y ejecuta la desinfección del suelo mediante técnicas como la solarización, cubriendo el terreno humedecido con plástico transparente durante varias semanas en los períodos de mayor radiación solar. Este proceso lo realiza antes de sembrar o preparar áreas para evitar la proliferación de agentes patógenos y plagas, con el objetivo de reducir el uso de agroquímicos y contribuir a una producción más sostenible y saludable.

La desinfección de suelos es una labor cultural fundamental en el viverismo moderno, especialmente en sistemas de producción intensiva donde el control de patógenos es muy necesario para asegurar la salud y la productividad de los cultivos. Esta técnica se ha convertido en una de las primeras acciones que debe llevar a cabo el viverista al inicio de cada campaña, ya que las plagas y las enfermedades del suelo pueden causar pérdidas significativas en la producción.

La tarea consiste en aplicar técnicas físicas, químicas o biológicas para eliminar o reducir la población de patógenos y organismos perjudiciales en el suelo, como **bacterias, hongos, nematodos, insectos y semillas de malas hierbas.**

El propósito principal de la desinfección es proteger los cultivos de enfermedades y plagas que reducen la productividad. Además, la desinfección disminuye el uso de agroquímicos y tratamientos posteriores, contribuyendo a una agricultura más sostenible.

 IMPORTANTE

Teniendo en cuenta la cantidad de patógenos que existen hoy en día, y que siguen en aumento, la desinfección es una tarea fundamental en el viverismo, así como en la agricultura en general.

4.1. Solarización

La solarización es una técnica de desinfección ecológica que consiste en cubrir el suelo, una vez humedecido, con plástico transparente durante 4-6 semanas en la época de mayor temperatura e intensidad de radiación solar. Este método aprovecha la energía solar para elevar la temperatura del suelo a niveles letales para patógenos y malezas.

Los **pasos** que seguir son:

1. Preparación del terreno
- Limpiar el terreno de residuos vegetales y realizar las labores necesarias para que el suelo esté bien desmenuzado y con buena aireación.

2. Instalación del sistema de riego
- Colocar mangueras u otros elementos, como aspersores.

3. Riego profundo
- Humedecer el suelo hasta aproximadamente el 70 % de la capacidad de retención de agua, asegurando que la saturación llegue hasta 25 cm de profundidad. En caso de no poder instalar un sistema de riego, se puede regar aportando el agua mediante cisternas (portadas por tractores o camiones).

4. Colocación del plástico
- Cubrir el área con plástico transparente resistente a rayos ultravioletas de 40 micrones (μm) de espesor.

5. Sellado
- Enterrar los bordes u orillas del plástico en el suelo para atrapar y mantener el calor, creando un cierre hermético.

6. Mantenimiento
- Mantener el tratamiento durante al menos 4 semanas, preferiblemente 6 semanas, durante el período de mayor radiación solar.

7. Retirada
- Quitar el plástico y proceder con la siembra o trasplante.

Para que sea efectiva, la solarización tiene que realizarse bajo unas condiciones mínimas, como son una temperatura del aire elevada, días soleados y una **intensidad solar alta.** Las temperaturas que se deben alcanzar tienen que estar entre 45 y 55 °C en superficie y aproximadamente de 40 a 25 cm de profundidad.

El período recomendado, en la península ibérica, es el comprendido entre el 1 de junio y el 15 de septiembre, aunque, dependiendo de la zona, estas fechas pueden variar.

4.2. Biofumigación y biosolarización

La biofumigación consiste en el uso de plantas que, tras su incorporación en el suelo, liberan moléculas biocidas durante su descomposición.

Los **pasos** que seguir son:

1. **Selección del material.** Seleccionar plantas de la familia brassicaceae u otras especies adecuadas como el ajo, la cebolla o los tagetes. También puede usarse estiércol fresco mezclado con algunas de las plantas mencionadas.
2. **Triturado.** Trocear finamente el material vegetal, a un tamaño de entre 2 y 5 cm. Esta tarea puede hacerse mediante una trituradora o tronzadora para restos agrícolas. Una vez triturado, es necesario mezclarlo inmediatamente.
3. **Incorporación al suelo.** Mezclar el material picado con el suelo en una proporción adecuada, mediante el uso de un apero de labranza, como gradas de discos o rotavapor.
4. **Riego.** Humedecer el suelo para activar el proceso de descomposición.
5. **Fermentación.** Dejar fermentar durante 2-4 semanas, permitiendo la reproducción de bacterias y actinomicetos.
6. **Aireación.** Retirar la cobertura y airear el suelo antes de la siembra.

Es necesario mantener una alta humedad en el suelo. Se recomienda regar abundantemente antes y/o después de la incorporación de la materia orgánica hasta que el suelo quede saturado.

 EJEMPLO

Algunas de las plantas de la familia *brassicaceae* que se utilizan habitualmente en la biofumigación son col, coliflor, brócoli, repollo, mostaza y colza.

Aunque la biofumigación puede realizarse en cualquier época del año, la degradación de la materia orgánica es más rápida a temperaturas más altas.

El período de actuación del biofumigante debe ser al menos de 2 semanas, aunque se recomienda extenderlo a 4-6 semanas para una mayor eficacia, ya que la acción de los gases mejora con el tiempo. El momento ideal de incorporación suele ser 2 semanas después de la primera floración de la planta biofumigante.

Se requiere una cantidad suficiente de materia orgánica para que el proceso sea efectivo. Las dosis recomendadas varían, pero generalmente se sitúan entre 2 y 5 kg/m^2 de residuos orgánicos.

DEFINICIÓN

Biosolarización

Combinación de solarización y biofumigación. Consiste en aportar estiércol y restos vegetales al suelo para posteriormente colocar una lámina de plástico. La biosolarización potencia los efectos de ambas técnicas.

El aumento de temperatura generado por la solarización acelera la descomposición de la materia orgánica y, por lo tanto, la liberación de los compuestos biocidas de la biofumigación. Además, el plástico no solo retiene el calor, sino que también atrapa los gases liberados, concentrando su efecto desinfectante en el suelo.

4.3. Vaporización

Este sistema utiliza vapor de agua a alta temperatura para eliminar la mayoría de los parásitos del terreno agrícola. El vapor se aplica directamente al suelo, alcanzando temperaturas letales para los patógenos.

Se lleva a cabo mediante el siguiente **proceso:**

1. **Preparación del suelo.** Hay que asegurarse de que el terreno esté seco, evitando regar antes de la aplicación. También es necesario que esté descompactado y suelto, por lo que si es necesario se realizará el laboreo de este. Los suelos arenosos facilitan la penetración del vapor debido a su mayor porosidad y drenaje. Los suelos arcillosos o limosos retienen más humedad y requieren un mayor tiempo en la última fase, la de enfriamiento y secado.

2. **Configuración del equipo.** Preparar la maquinaria generadora de vapor. Los equipos de vaporización pueden ser estáticos o móviles. Los estáticos se usan principalmente en invernaderos pequeños o parcelas controladas. Consisten en calderas que generan vapor conectadas a tuberías perforadas que se insertan en el suelo. Los equipos móviles se colocan sobre tractores o maquinaria especializada, y permiten la aplicación en campo abierto. Algunos modelos incorporan sistemas de barras con orificios por donde se inyecta el vapor directamente al suelo mientras avanza la máquina.

3. **Aplicación del vapor.** La temperatura de aplicación debe ser superior a 70 °C, y resulta más efectiva en terrenos secos, ya que el vapor se difunde mejor por los poros, logrando mayor profundidad y uniformidad. Si el suelo está húmedo, el agua absorbe el calor, reduciendo su penetración y la temperatura, lo que da como resultado una desinfección menos efectiva y la supervivencia de patógenos.

4. **Introducción.** Permitir que el vapor entre en el suelo y llegue a la profundidad deseada. La aplicación óptima se sitúa entre 30 y 50 kilogramos de vapor por metro cúbico de sustrato (kg/m3). En suelos más secos se requieren 80 kg/m3 para una penetración efectiva.

5. **Mantenimiento.** Mantener la temperatura durante el tiempo necesario. Para lograr resultados óptimos, a 70 °C, se requieren al menos 30 minutos de exposición continua para eliminar la mayoría de los patógenos. Entre 90 °C y 100 °C, el tiempo puede reducirse a 15-20 minutos.

6. **Enfriamiento y secado.** Dejar enfriar el suelo antes de proceder a la siembra. Dependiendo de la temperatura alcanzada, de la textura del suelo y de la humedad ambiental, puede ser entre uno y dos días. Si se llegó cerca de los 100 °C, tardará más tiempo en disipar ese calor y volver a una temperatura que sea segura para las semillas o las plántulas. Los suelos arenosos tienden a enfriarse y secarse más rápidamente, ya que su mayor porosidad permite una disipación de calor más eficiente y un

mejor drenaje del agua condensada. Los arcillosos o limosos retienen más calor y humedad, por lo que su enfriamiento y su secado serán más lentos.

Si no se realiza correctamente, esta técnica puede ocasionar destrucción de nutrientes a profundidades elevadas y, aunque el vapor elimina microorganismos dañinos, también puede afectar a organismos beneficiosos.

Debido a su alto coste, se realiza en cultivos de alto valor económico donde la sanidad del suelo es de gran importancia.

RECUERDA

Antes de comenzar con la aplicación del vapor, el suelo debe estar seco, descompactado y suelto, por lo que, si es necesario, se realizará su laboreo.

4.4. Desinfección química

Consiste en aplicar productos químicos sintéticos para eliminar patógenos y malas hierbas. Es altamente eficaz, pero requiere un manejo cuidadoso debido a la toxicidad de los productos. La secuencia de realización es la siguiente:

Limpieza del suelo
- Retirar restos vegetales y escombros para maximizar la eficacia del producto.

Laboreo
- Realizar un labrado, sobre todo en suelos no arenosos para facilitar la penetración del producto.

Aplicación
- Se utiliza un equipo específico para esta tarea, que suele incluir un tanque para el desinfectante, un sistema de bombeo, y cuchillas o inyectores que introducen el producto en el suelo. En ocasiones, se puede aplicar mediante riego por goteo, siguiendo las dosis recomendadas por el fabricante.

Continúa en página siguiente >>

<< Viene de página anterior

Cubrir con plástico
- Sellar el suelo con plástico especial para retener los gases.

Guardar plazo de seguridad
- Respetar el tiempo indicado (2-3 semanas) antes de sembrar o plantar.

Ventilar
- Retirar el plástico y airear para eliminar residuos químicos.

Es necesario dejar el terreno limpio de restos vegetales antes de comenzar la aplicación. Este método es muy eficaz y elimina una gran cantidad de patógenos y plagas. Como desventaja, presenta que algunos de los productos que se emplean son **muy tóxicos** para personas y animales, por lo que su aplicación debe llevarse a cabo por personal altamente cualificado.

5. Labores superficiales

☞ HILO CONDUCTOR

Lo siguiente que va a realizar Jorge son las labores superficiales, para mejorar la estructura, eliminar malezas y facilitar futuras siembras o plantaciones. Utilizará herramientas manuales o máquinas ligeras que desmenuzan y airean el terreno, asegurándose de que esté en condiciones óptimas antes de introducir nuevas plantas.

Mientras que las labores profundas buscan modificar la estructura de la capa inferior del suelo, las superficiales se centran en la que ocupa una profundidad de entre 5 y 20 cm, con el objetivo de crear un **lecho de siembra** óptimo, controlar malezas y mejorar las condiciones para la germinación y el desarrollo inicial de las plántulas. Estas labores, aunque menos intensivas en maquinaria y energía que las profundas, son igualmente necesarias y complementarias para asegurar un desarrollo adecuado del cultivo.

 **DEFINICIÓN**

Lecho de siembra

Es la capa superior del suelo o sustrato, específicamente preparada para la germinación de semillas y el desarrollo inicial de las plántulas. Está mullida, aireada, con buen drenaje y gran capacidad de retener la humedad.

Las labores de preparación superficial del terreno tienen una larga tradición en la agricultura. Aunque a lo largo del tiempo han evolucionado las herramientas y la maquinaria empleadas, así como las técnicas aplicadas gracias al avance tecnológico, el objetivo principal se mantiene: romper y desmenuzar la capa superior del suelo para hacerla más esponjosa y menos compacta. De este modo, se crea un ambiente favorable para la germinación y el desarrollo inicial de las plantas, asegurando que el suelo cumpla su función como soporte físico y almacén de agua y nutrientes para los cultivos herbáceos.

Los principales **objetivos** de la preparación superficial del suelo son los siguientes:

- **Favorecer el aireado del suelo.** Permitir que las raíces y los microorganismos dispongan del oxígeno necesario para su desarrollo.
- **Facilitar la retención de agua.** Asegurar la retención de agua en la capa superficial, para que esté disponible para las plantas en sus primeras etapas de crecimiento.
- **Eliminar semillas.** Al voltear y enterrar las semillas presentes en la capa externa del suelo, se dificulta su germinación y emergencia.
- **Suprimir elementos extraños.** Eliminar las malas hierbas, las raíces y la maleza existentes, reduciendo la competencia por los recursos y evitando posibles focos de plagas y enfermedades.
- **Mezclar la tierra.** Hacer homogénea la capa superficial del suelo al mezclarla con abonos, enmiendas orgánicas o inorgánicas y productos fitosanitarios, para asegurar una buena distribución.
- **Facilitar la realización de otras labores.** Tareas agrícolas tales como la siembra y la plantación se realizan con menos dificultad si el terreno ha sido preparado superficialmente.

Es importante no confundir la preparación superficial del suelo con otras tareas de manejo o mantenimiento que se realizan durante el ciclo del cultivo o en los períodos en que la tierra permanece sin cultivar.

Un laboreo superficial excesivo acelera la mineralización de la materia orgánica presente en el suelo, lo que provoca su rápida desaparición. Esta pérdida de materia orgánica reduce la capacidad del suelo para resistir la erosión, ya que disminuye su estabilidad y se debilita su estructura.

Por ello, las labores superficiales de preparación del suelo deben realizarse justo **antes de la siembra,** adaptándose al tipo de planta que se va a cultivar. Si el terreno se prepara con demasiada antelación, por ejemplo, en otoño sin una siembra inmediata, la capa superior del suelo queda expuesta a la acción erosiva del viento y la lluvia, especialmente durante el invierno. Esto puede provocar la pérdida de la capa más fértil del suelo, cuya regeneración natural puede requerir mucho tiempo, incluso años.

En el caso de la siembra de semillas, es fundamental recordar que, al germinar, necesitan encontrar un suelo suelto y aireado para desarrollarse adecuadamente. Durante las primeras fases de crecimiento, la plántula depende únicamente de las reservas internas de la semilla, por lo que la fuerza de la raíz incipiente es muy limitada en comparación con la que puede ejercer una planta ya desarrollada con parte aérea. Por este motivo, un lecho de siembra bien preparado es esencial para asegurar el éxito en la germinación y el establecimiento de los cultivos.

Para realizar labores superficiales de preparación de suelos se pueden usar los siguientes **aperos:**

Gradas
- Son un apero fundamental para el laboreo superficial, rompiendo terrones y nivelando el terreno. Existen varios tipos, como las gradas de discos, de púas o de cadenas, cada una adecuada para diferentes condiciones y resultados deseados.

Cultivadores
- Similares a las gradas, los cultivadores se usan para labranza secundaria. Están diseñados para remover y pulverizar el suelo, controlar las malas hierbas y preparar la cama de siembra. Suelen tener púas o rejas que penetran en el suelo.

Continúa en página siguiente >>

<< Viene de página anterior

Vibrocultivadores
- Son un tipo de cultivador que utiliza púas vibratorias para desmenuzar y soltar el suelo. La vibración ayuda a crear una cama de siembra fina y uniforme, y puede ser especialmente eficaz en ciertos tipos de suelos.

Rodillos
- Se utilizan para consolidar el suelo, romper pequeños terrones y asentar las piedras. Ayudan a mejorar el contacto entre la semilla y el suelo, y a reducir la pérdida de humedad, creando una cama de siembra más uniforme.

Motocultores
- Aunque un motocultor es una máquina en sí misma, lo más habitual es usarla con diversos aperos o accesorios para la preparación superficial del suelo. Puede accionar pequeños arados, cultivadores y gradas, lo que lo hace muy versátil para el viverismo, la agricultura y la jardinería a pequeña escala.

 PARA SABER MÁS

El motocultor es una máquina que admite una gran cantidad de aperos. En la siguiente web puedes conocer algunos de ellos. Accede desde aquí:

https://redirectoronline.com/3050040103

6. Manejo del suelo

☞ **HILO CONDUCTOR**

Con el terreno ya preparado y las primeras plantas en crecimiento, Jorge entiende que el manejo constante del suelo es clave. Decidido a mantener la vitalidad, la productividad y la calidad de su vivero, planifica una serie de prácticas de manejo del suelo que incluyen el laboreo regular y la eliminación de malas hierbas.

Las principales tareas de manejo del suelo son la bina y la escarda, y ambas tienen como objetivo principal evitar la aparición de malas hierbas. Su realización es muy importante sobre todo en los primeros estados de desarrollo de los cultivos.

6.1. Bina

Es una labor cultural que consiste en **remover el suelo** de cultivo con diversos propósitos. El término proviene del latín *binus,* que significa de dos en dos, ya que tradicionalmente esta operación se realiza como segundo trabajo de labranza, después de la preparación inicial del terreno. Así, la bina se efectúa cuando las plantas cultivadas ya han comenzado a desarrollarse, interviniendo entre las líneas de plantación para no dañar los ejemplares en crecimiento.

La realización de la bina aporta múltiples **beneficios,** como son:

- ○ **Evita las malas hierbas.** La bina interrumpe el crecimiento de las plantas no deseadas al cortar sus tallos y raíces en la capa superficial del suelo. Esto reduce la competencia por agua, luz y nutrientes, permitiendo que el cultivo principal se desarrolle en mejores condiciones. Además, al exponer las raíces de las malas hierbas al aire y al sol, muchas de ellas se secan y mueren, lo que disminuye la presión de malezas en el terreno.
- ○ **Impide la compactación.** El paso frecuente de maquinaria y personas, así como el riego, pueden compactar la superficie del suelo, dificultando la penetración de agua y aire. La bina rompe esta capa endurecida, devolviendo al terreno su textura suelta y esponjosa, lo que facilita el desarrollo de las raíces y la infiltración del agua.
- ○ **Facilita otras labores.** Se realiza al mismo tiempo que se aplican abonos y otros productos fitosanitarios. Durante la bina, es posible incorporar

fertilizantes sólidos, enmiendas orgánicas o productos fitosanitarios directamente al suelo. Al mezclar estos insumos con la tierra, se mejora su distribución y su eficacia, asegurando que lleguen a la zona radicular donde serán absorbidos por las plantas.

- **Aumenta la eficacia del riego.** Un suelo suelto y bien aireado permite que el agua de riego se distribuya de manera uniforme y llegue hasta las raíces de las plantas. Esto reduce las pérdidas por escorrentía o encharcamiento superficial y mejora el aprovechamiento del agua disponible, optimizando el consumo hídrico del cultivo.
- **Aumenta la aireación.** La labor de bina incrementa la porosidad del suelo, facilitando el intercambio de gases entre el suelo y la atmósfera. Esta oxigenación es fundamental para la respiración de las raíces y la actividad de los microorganismos beneficiosos, que contribuyen a la descomposición de la materia orgánica y la liberación de nutrientes.
- **Aumenta la capacidad de drenaje.** En terrenos pesados o arcillosos, la bina ayuda a romper los agregados compactos, creando canales por donde el exceso de agua puede fluir y evitar el encharcamiento. Esto previene problemas como la asfixia radicular y la aparición de enfermedades asociadas al exceso de humedad.
- **Favorece el desarrollo de las raíces.** Al aflojar la tierra, las raíces pueden expandirse con mayor facilidad, explorando un mayor volumen de suelo en busca de agua y nutrientes. Un sistema radicular bien desarrollado es clave para la estabilidad de la planta y su capacidad de resistir períodos de sequía o estrés.
- **Destruye restos vegetales.** La bina incorpora al suelo los restos de cultivos anteriores, hojas caídas y otros residuos vegetales. Esto acelera su descomposición y su transformación en materia orgánica, mejorando la fertilidad y la estructura del suelo a largo plazo, además de reducir la presencia de plagas y enfermedades que puedan sobrevivir en los restos superficiales.

En pequeñas superficies, la bina puede hacerse manualmente, mediante una azada llamada escardilla o almocafre, mientras que en grandes explotaciones se emplean aperos conectados al tractor.

6.2. Escarda

Esta labor se define como la acción de **eliminar la vegetación no deseada,** comúnmente denominada **mala hierba.** Estas plantas representan uno de los desafíos más significativos en la gestión de cultivos. Dada su relevancia en la productividad agrícola, un conocimiento profundo de su biología y su ecología es indispensable para su control efectivo.

Se considera mala hierba a cualquier especie vegetal que se desarrolla en un lugar donde su crecimiento no es deseado ni ha sido planificado. Por tanto, el término no se refiere a un tipo botánico específico, sino a la ubicación de la planta.

 **EJEMPLO**

En un vivero hay una parcela que tiene plantadas margaritas. Si entre ellas crece, espontáneamente, un clavel, este se considera una mala hierba, ya que el objetivo del viverista es obtener margaritas.

Las malas hierbas **compiten activamente** con los cultivos establecidos por recursos vitales como el agua, la luz solar y los nutrientes disponibles en el suelo. Esta competencia directa puede conducir a una disminución significativa en el rendimiento y la calidad de la cosecha, resultando en pérdidas económicas considerables para los agricultores.

En el contexto específico del viverismo, donde las plantas se cultivan intensivamente en espacios controlados para su posterior trasplante, la presencia de estas plantas no deseadas adquiere una relevancia aún mayor. Su erradicación y su manejo son labores culturales fundamentales para mantener las condiciones óptimas de crecimiento, asegurar la sanidad del material vegetal, y garantizar la viabilidad y la calidad de las plantas producidas en el vivero. Un control deficiente en estas etapas tempranas puede comprometer seriamente el desarrollo de las plántulas y los árboles jóvenes, afectando a su establecimiento futuro en campo.

La vegetación espontánea se clasifica atendiendo a diversos criterios, lo que permite prever su comportamiento y diseñar planes de manejo y control específicos y eficaces. Se pueden agrupar atendiendo a los siguientes **criterios:**

- **Malas hierbas.** Se clasifican atendiendo a su ciclo de vida, su reproducción y sus hojas.
- **Ciclo de vida.** Se dividen en:

  - **Anuales:** son aquellas que completan todo su ciclo biológico, desde la germinación y el crecimiento hasta la floración, la producción de semillas y la muerte, en un período inferior a un año, generalmente dentro de una única estación de crecimiento. Su estrategia principal de supervivencia es la producción masiva de semillas, lo que les permite colonizar rápidamente nuevas áreas.

◑ **Bianuales:** requieren dos años para completar su ciclo vital. Durante el primer año, desarrollan principalmente una roseta de hojas y acumulan reservas nutricionales. En el segundo año, destinan esas reservas a la floración, la producción de semillas y la posterior muerte.

◑ **Perennes:** son las más persistentes, manteniendo su presencia en el suelo durante varios años. Su longevidad se debe a la capacidad de rebrotar a partir de órganos de reserva subterráneos (como rizomas, estolones, tubérculos o bulbos), lo que las hace particularmente difíciles de erradicar y les permite sobrevivir a condiciones adversas o a labranzas superficiales.

➲ **Biología y reproducción.** Según sea la forma en la que se reproducen pueden ser:

◑ **Semillas:** estas malas hierbas dependen exclusivamente de la producción y la dispersión de semillas para su propagación. Esto significa que su control se centra en evitar la formación de semillas viables y reducir el banco de semillas en el suelo.

◑ **Órganos vegetativos:** hay plantas que tienen una reproducción tanto por semillas como por brotación de yemas en órganos vegetativos subterráneos. Estas malas hierbas presentan un doble desafío, ya que no solo hay que gestionar sus semillas, sino también sus estructuras de propagación asexual. Algunas hierbas perennes tienen reproducción exclusiva por órganos vegetativos, ya que no producen semillas o estas no son viables. Su control se enfoca en la eliminación o el agotamiento de sus estructuras subterráneas.

➲ **Morfología foliar.** Atendiendo a la forma o el tamaño de sus hojas, se agrupan en:

◑ **Hoja estrecha,** que incluyen a la mayoría de las gramíneas (como el pasto o la avena loca). Suelen tener sus yemas de crecimiento protegidas por una vaina. Esto las hace morfológicamente diferentes.

◑ **Hoja ancha,** que pertenecen al grupo de las dicotiledóneas (como el trébol o el cenizo). Poseen yemas de crecimiento más expuestas. Esta distinción es de vital importancia, ya que muchos herbicidas son diseñados para ser selectivos, actuando eficazmente sobre un tipo de hoja sin dañar al otro, lo cual permite proteger el cultivo principal.

Dado el impacto negativo que las malas hierbas tienen en el viverismo y la agricultura en general, es necesario desarrollar estrategias de control eficaces. No existe una solución única, sino que se emplea una combinación de técnicas, las cuales pueden agruparse en diversas categorías según su naturaleza y el objetivo principal.

Para ejercer un control efectivo, es necesario **combinar diversas técnicas.** Los métodos preventivos incluyen el uso de semillas certificadas, el monitoreo constante para detectar infestaciones tempranas y la limpieza rigurosa de la maquinaria. Además, se aplican herbicidas preemergentes para inhibir la germinación.

Las técnicas de desbroce físicas son fundamentales. Una de las más habituales es la escarda manual o mecánica con herramientas como la azada, para remover las malas hierbas directamente del suelo. **El acolchado o** *mulching* es otra opción eficaz que consiste en cubrir el suelo con materiales opacos, como plásticos o paja, para bloquear la luz solar y suprimir el crecimiento de la vegetación no deseada, al mismo tiempo que ayuda a mantener la humedad del suelo.

 **ACTIVIDAD 1**

En un vivero hay dos parcelas de cultivo donde crecen malas hierbas. En una completan todo su ciclo biológico: germinación, crecimiento, floración, producción de semillas y muerte, en un período inferior a un año. En la otra parcela mantienen su presencia en el suelo durante varios años y tienen la capacidad de rebrotar a partir de órganos de reserva subterráneos, lo que las hace particularmente difíciles de erradicar y les permite sobrevivir. ¿Qué tipos de malas hierbas son?

Solución

Son del tipo anuales y perennes.

Anuales: son aquellas que completan todo su ciclo biológico, desde la germinación y el crecimiento hasta la floración, la producción de semillas y la muerte, en un período inferior a un año, generalmente dentro de una única estación de crecimiento. Su estrategia principal de supervivencia es la producción masiva de semillas, lo que les permite colonizar rápidamente nuevas áreas.

Perennes: son las más persistentes, manteniendo su presencia en el suelo durante varios años. Su longevidad se debe a la capacidad de rebrotar a partir de órganos de reserva subterráneos (como rizomas, estolones, tubérculos o bulbos),

Continúa en página siguiente >>

<< Viene de página anterior

lo que las hace particularmente difíciles de erradicar y les permite sobrevivir a condiciones adversas o a labranzas superficiales.

---

7. Sustratos

 HILO CONDUCTOR

Dado que Jorge establecerá en el vivero una zona para cultivar con distintos tipos de sustratos, está investigando los diferentes tipos existentes en el mercado y escogiendo los más adecuados a las especies de plantas que pretende comercializar, buscando aquellos que ofrezcan las condiciones óptimas para el crecimiento.

En viveros y centros de jardinería, las plantas se cultivan directamente en el suelo, pero también en contenedores llenos de algún sustrato.

 DEFINICIÓN

Sustrato
Es cualquier material sólido que sea distinto al suelo natural, indistintamente de que sea de origen mineral, orgánico o sea un producto de síntesis o fabricación artificial.

En las últimas décadas, las técnicas de cultivo vegetal han evolucionado significativamente, con un notable abandono del cultivo tradicional en el suelo a favor del uso de sustratos alternativos. Este cambio se debe, en gran parte, a los avances en la nutrición vegetal y al desarrollo de nuevos fertilizantes, que permiten un control más preciso y adaptado a las necesidades específicas y estacionales de cada planta. Como resultado, ha surgido una completa técnica de cultivo forzado donde los sustratos juegan un papel fundamental.

Los sustratos se usan solos, en mezclas con otros materiales o combinados con el suelo existente. Las mezclas se adaptan al tipo de planta y al objetivo del cultivo, por ejemplo, para favorecer el enraizamiento de esquejes, la germinación de semillas o trasplantes específicos. En la agricultura, la jardinería y el viverismo, los sustratos artificiales son comunes debido a sus características superiores para la germinación y el desarrollo de semillas.

Las **propiedades físicas** que un sustrato debe tener para garantizar un crecimiento óptimo de las plantas son las siguientes:

Densidad	- La densidad de un sustrato es una medida de su peso en relación con el espacio que ocupa. Para que sea ideal, debe ser lo suficientemente ligero para facilitar su manejo y su transporte, pero, a la vez, tener la consistencia adecuada para sostener la planta y mantener su estructura a lo largo del tiempo sin compactarse excesivamente.
Porosidad	- Es fundamental que el sustrato tenga un elevado volumen de poros que permitan tanto la circulación de aire como la retención de agua. Debe asegurar una disponibilidad constante de oxígeno para las raíces, previniendo la asfixia radicular. Esto implica un buen drenaje que evite el encharcamiento prolongado. El sustrato debe ser capaz de retener suficiente agua para satisfacer las necesidades hídricas de la planta entre riegos, pero sin saturación, permitiendo un equilibrio aire-agua en la zona radicular.
Tamaño de partícula	- Las partículas del sustrato deben tener un tamaño y una distribución que promuevan una buena aireación y un buen drenaje, al mismo tiempo que permitan un contacto adecuado con las raíces para la absorción de agua y nutrientes. La estabilidad estructural es crucial para que el sustrato mantenga estas propiedades a lo largo del tiempo de cultivo, resistiendo la degradación física y la compactación.

Un sustrato debe tener las siguientes **propiedades químicas** para que el desarrollo vegetal sea el adecuado:

◗ **Capacidad de intercambio catiónico (CIC) adecuada.** Un sustrato ideal debe poseer una CIC suficiente para retener los nutrientes aplicados a través de la fertilización, actuando como un depósito que los libera gradualmente a las raíces según las necesidades de la planta, minimizando las pérdidas por lixiviación.

- **Rango óptimo de pH.** El pH del sustrato debe estar dentro del rango ideal para la especie de planta que se va a cultivar, ya que este factor regula la disponibilidad y la asimilación de los nutrientes. Un pH inadecuado puede bloquear la absorción de elementos esenciales, incluso si están presentes en el sustrato.
- **Conductividad eléctrica (CE) o salinidad controlada.** La CE debe mantenerse en niveles bajos o moderados al inicio del cultivo para evitar la toxicidad por sales, especialmente en etapas sensibles como la germinación o el enraizamiento. Un control preciso de la CE es fundamental para una nutrición equilibrada sin causar estrés salino.
- **Contenido de nutrientes.** Si bien algunos sustratos son inertes y requieren fertilización completa, un sustrato ideal puede aportar algunos nutrientes iniciales o, al menos, facilitar su absorción. Lo crucial es que no contenga sustancias fitotóxicas.
- **Ausencia de patógenos y malezas.** Un sustrato ideal debe estar libre de organismos que puedan dañar las plantas (bacterias, hongos, virus, nematodos) y de semillas de malezas que compitan por recursos y requieran mano de obra adicional.

Los sustratos empleados en viverismo suelen estar compuestos por una diversidad de materiales, tanto de origen orgánico como inorgánico, que se seleccionan cuidadosamente para proporcionar las condiciones idóneas para el crecimiento de las raíces y la absorción de nutrientes.

7.1. Orgánicos

Los sustratos orgánicos son fundamentales por su capacidad para retener agua y nutrientes, así como para mejorar la estructura del sustrato. Los más usados habitualmente en viveros y centros de jardinería son:

- **Turba.** Material orgánico fosilizado de descomposición vegetal incompleta, es fundamental en sustratos. Se clasifica en:

  - **Turba rubia:** poco descompuesta, clara, fibrosa, alta materia orgánica (90-98 %), excepcional retención de agua (8-10x), alta porosidad (90-95 %), buena aireación, pH ácido (3.5-4.5), baja densidad y CIC moderada-alta. Preferida por su estabilidad estructural.
  - **Turba negra:** más descompuesta, oscura, textura fina y densa. Contenido orgánico similar, pero menor aireación y porosidad por su densidad, pH más alto (5.0-7.0) y mayor CIC.

- **Fibra de coco.** Es un subproducto de la industria alimentaria del coco. Destaca por su excelente retención de agua, con fácil rehidratación, su buena aireación y tener un pH que va de neutro a ligeramente ácido (5.5-6.5), apto para la mayoría de cultivos. También tiene una densidad adecuada.

- **Corteza de pino.** La corteza de la familia de los pinos, así como otros residuos vegetales, son subproductos forestales o agrícolas que se usan triturados y/o compostados. La corteza de pino es económica, mejora la aireación y el drenaje. Debe estar envejecida y/o compostada. Otros residuos, como la paja o la cáscara de arroz, mejoran la aireación y aportan materia orgánica.
- **Compost.** Material orgánico estabilizado de descomposición controlada de residuos. Un buen compost aporta nutrientes, materia orgánica, mejora la estructura y la CIC del sustrato, y aporta una gran cantidad de actividad microbiana beneficiosa. Su pH es de neutro a ligeramente alcalino.

7.2. Inorgánicos

Estos componentes son esenciales para mejorar las propiedades físicas del sustrato, especialmente la aireación y el drenaje, y en algunos casos para estabilizar el pH. Los más empleados son:

- **Arena.** La arena de río lavada es un material inerte que mejora el drenaje y la aireación de los sustratos, especialmente aquellos con turba. Aumenta la porosidad, el drenaje y la estabilidad del contenedor. No retiene agua ni nutrientes y, si es muy fina, puede reducir la aireación. Su peso incrementa los costes de transporte. La granulometría ideal oscila entre 0.5 y 2 mm.
- **Perlita.** La perlita es un mineral volcánico expandido que forma gránulos blancos, ligeros y porosos. Posee una elevada porosidad (hasta 95 %), mayormente de aireación. No retiene agua significativamente en su superficie interna, pero la almacena entre sus gránulos. Es inerte, estéril y tiene un pH neutro (6.5-7.5). Se usa para mejorar la aireación y el drenaje, previniendo la compactación, y es común en semilleros e hidroponía. No aporta nutrientes y su ligereza puede desestabilizar los contenedores.
- **Vermiculita.** La vermiculita es un mineral de silicato que, al calentarse, se expande en láminas. Es muy ligera y tiene una alta capacidad de retención de agua (3-4 veces su peso). Posee una buena CIC (80-120 meq/100 g) para retener nutrientes y mejora la aireación, aunque menos que la perlita. Su pH es neutro (6.5-7.5). Es ideal para semilleros y enraizamiento de esquejes por su capacidad de retener humedad y nutrientes. Tiende a compactarse y degradarse, perdiendo propiedades físicas.
- **Lana de roca.** La lana de roca es un material inerte, fibroso y poroso, hecho de rocas basálticas fundidas. Ofrece una alta porosidad (hasta 95 %)

con un excelente equilibrio entre retención de agua y aireación. Es estéril, inerte químicamente y su pH es neutro (7.0-8.0), proporcionando gran estabilidad estructural. Se usa principalmente en cultivos hidropónicos por su uniformidad y su control nutritivo, y en bloques para semilleros. No retiene nutrientes, es difícil de rehidratar si se seca y su eliminación no es biodegradable.

⊃ **Arcilla expandida.** La arcilla expandida son gránulos esféricos, ligeros y porosos, obtenidos al calentar arcilla. Proporciona muy buena aireación y drenaje, con baja retención de agua. Es inerte y estructuralmente estable, con un pH de neutro a ligeramente alcalino (7.0-8.0). Se utiliza para mejorar el drenaje y la aireación en sustratos, o como capa de drenaje en macetas. No retiene agua ni nutrientes.

⊃ **Roca volcánica (piedra pómez).** Las rocas volcánicas trituradas mejoran el drenaje y la aireación gracias a su porosidad y su estructura granular. Son inertes, estables y de pH neutro. Se emplean en mezclas para plantas que requieren drenaje rápido o para añadir peso y estabilidad al contenedor. Su capacidad de retención de agua y nutrientes es baja.

8. Operaciones culturales de mantenimiento

☞ HILO CONDUCTOR

Con las plantas ya establecidas en su vivero, Jorge realiza de forma periódica y planificada labores culturales, como el laboreo del suelo, la poda, el aclareo y riegos, siempre adaptando las técnicas a las necesidades específicas de cada cultivo y cada etapa de desarrollo. Estas tareas las programa a lo largo del ciclo de cultivo para incrementar la calidad, mejorar el crecimiento, reducir enfermedades y facilitar la recolección.

Las labores culturales son el conjunto de tareas que se deben realizar en cualquier cultivo para optimizar las condiciones de crecimiento y desarrollo de las plantas desde la fase de vivero hasta la producción final. Estas prácticas son fundamentales para aumentar la producción y conseguir plantas de calidad.

Es necesario realizar una planificación temporal de estas, así como una adaptación a las características específicas de cada cultivo y cada tipo de suelo, especialmente en el ámbito de los viveros y los centros de jardinería, donde la calidad del material vegetal es fundamental para su desarrollo.

8.1. Labores asociadas al suelo

Hay una serie de tareas específicas que se llevan a cabo con el objetivo de preservar y mejorar el suelo, tanto en estructura como fertilidad. Estas labores, además de garantizar unas condiciones idóneas para la implantación y el crecimiento de las plantas, contribuyen directamente al aumento de la producción y a la obtención de un material vegetal de muy buena calidad. Las más habituales se exponen a continuación.

Laboreo

El laboreo o labrado del suelo es el conjunto de tareas que se llevan a cabo para conseguir un terreno esponjoso, suelto y con facilidad para que las raíces se desarrollen. Estas labores consisten en mover y mezclar el suelo.

Se realiza durante **todo el ciclo de crecimiento** de las plantas y también en los períodos en que la tierra permanece sin cultivar.

 **NOTA**

No hay que confundir este laboreo de mantenimiento con el que se hace para la preparación superficial del terreno.

Esta tarea aporta múltiples beneficios. En primer lugar, mejora la aireación, ya que al descompactar el suelo incrementa el oxígeno disponible para las raíces y los microorganismos beneficiosos, además de facilitar el intercambio de gases esenciales. Esta descompactación también permite un mejor drenaje, pues rompe capas endurecidas, favoreciendo el paso del agua y evitando encharcamientos y asfixia radicular.

Otra ventaja clave es el aumento en la absorción y la retención de agua, porque un suelo suelto incrementa la superficie disponible para almacenar agua, optimizando así su aprovechamiento por las plantas. En cuanto al control de malezas, el laboreo superficial elimina o inactiva semillas y restos vegetales indeseados, dificultando que estas compitan con el cultivo principal, y dejando el terreno limpio para la siembra.

Además, un suelo bien labrado facilita las tareas de siembra y plantación, al estar más suelto y desmenuzado, lo que garantiza un mejor establecimiento del cultivo desde el inicio. Por último, el laboreo permite mezclar y distribuir uniformemente abonos, enmiendas y fitosanitarios granulados o en polvo en la zona radicular, maximizando su eficacia y contribuyendo a la mejora global de la estructura y la fertilidad del suelo.

Abonado de fondo y aporte de enmiendas

Se conoce como **abonado de fondo** al que se realiza en el suelo antes de comenzar el cultivo, y su objetivo es aportar los nutrientes esenciales de las plantas, como nitrógeno, fósforo y potasio. Se aplica en la zona donde se espera que se desarrollen las raíces.

El abonado de fondo se lleva a cabo como parte de un plan de abonados general, teniendo en cuenta la especie vegetal que se vaya a cultivar y sus futuras necesidades. Es, por tanto, el primer paso del plan general de abonados. Hay que tener en cuenta que el agua va limpiando los nutrientes de la tierra por arrastre y que, al mismo tiempo, estos nutrientes se van incorporando con los abonados que se realizan; por lo tanto, hay que ir equilibrando el sistema de pérdida y aporte de nutrientes. Es por eso por lo que, si el abonado de fondo no se realiza correctamente, puede llegar a suponer problemas.

Los abonados de fondo se realizan a través de:

Aporte de productos orgánicos o naturales
- Es la aplicación de cualquier abono de origen orgánico. Son el estiércol, el compost, la turba, el guano, el humus de lombriz, el extracto de algas, etc. Todos ellos proceden de elementos naturales, animales o plantas. Son de acción lenta, ya que los nutrientes se liberan poco a poco a medida que los microorganismos del suelo los van descomponiendo. Para que ello se produzca es necesario que la temperatura del suelo no sea muy baja, el pH sea neutro o ligeramente alcalino y haya humedad y aire suficiente.

Aporte de productos artificiales
- Los abonos industriales, principalmente granulados o triturados, aportan los elementos esenciales para las plantas. Existen abonos de fondo específicos que, además de nutrientes, incluyen sustancias que favorecen el enraizamiento. Estos fertilizantes, de origen mineral o artificial y acción rápida, se agrupan por el elemento que aportan (nitrogenados, fosfóricos, potásicos, etc.). Se clasifican en simples, cuando contienen un único macroelemento, o compuestos, cuando incluyen dos o más de estos macroelementos combinados.

La **enmienda** se utiliza para mejorar las características físicas, químicas y biológicas del suelo, haciéndolo más adecuado para el cultivo, aunque no aportan directamente nutrientes como los abonos. Consiste en aportar y mezclar con el suelo algún material, tanto orgánico como inorgánico.

Esta tarea, correctamente ejecutada, contribuye directamente al aumento de la producción y la calidad del material vegetal en el vivero.

En el aspecto físico, mediante el aporte de una enmienda se puede mejorar la estructura del suelo, por ejemplo, en suelos arcillosos se aumenta la porosidad y el drenaje, mientras que en suelos arenosos ayudan a retener la humedad. Químicamente, ayudan a corregir problemas como la acidez o la salinidad.

Entre las enmiendas más habituales se encuentra la cal (carbonato de calcio), que se aplica para elevar el pH en suelos ácidos, mejorando la disponibilidad de nutrientes esenciales como el fósforo y el magnesio, y favoreciendo la salud de las raíces. Si el pH es demasiado alto, se aplica azufre o sulfato de hierro.

Otra enmienda común es el yeso (sulfato de calcio), utilizado principalmente para reducir la salinidad en suelos sódicos.

NOTA

La dosis de aplicación de enmiendas depende mucho del tipo de suelo, de su estado en el momento de la ejecución y de los objetivos específicos de la corrección. Factores como el contenido de arcilla, de materia orgánica, el nivel de acidez o la salinidad inicial, y el tipo de cultivo planificado influyen directamente en la cantidad que aplicar.

Biológicamente, las enmiendas orgánicas, como el compost o el estiércol bien descompuesto, estimulan la vida microbiana beneficiosa, mejorando la descomposición de la materia orgánica, y la disponibilidad natural de nutrientes a través de la actividad de bacterias y hongos del suelo.

Además, otras enmiendas como la ceniza de madera (rica en potasio y calcio) o la turba (para mejorar la retención de agua en suelos secos) se emplean según las necesidades específicas del terreno, destacando su versatilidad en la gestión sostenible del suelo.

Siembra y trasplante

La siembra consiste en colocar semillas directamente en el suelo para su germinación. El trasplante implica cambiar de sitio una planta ya desarrollada y con raíces establecidas. En ambos casos, el material vegetal debe estar sano, libre de plagas y cumplir la normativa fitosanitaria. Las plantas deben estar erguidas, sin marchitarse, con hojas, tallos y flores intactos, y raíces sanas.

En cuanto a las semillas, estas tienen que cumplir ciertos requisitos para asegurar un cultivo exitoso. Deben ser auténticas, es decir, corresponder con la variedad deseada, y puras, sin mezcla con otras especies. Además, deben estar limpias, libres de impurezas como tierra o restos vegetales, y sanas, sin presencia de agentes patógenos. También deben ser viables, capaces de germinar en condiciones favorables, y vigorosas, mostrando buen desarrollo incluso en ambientes menos óptimos.

Antes de la siembra, algunas semillas requieren **tratamientos específicos** para optimizar su germinación y su desarrollo. Estas preparaciones son cruciales para asegurar el éxito del cultivo y pueden variar considerablemente según la especie. Los tratamientos más comunes son:

Desinfección
- Este proceso se aplica para prevenir el ataque de hongos, bacterias o virus que la semilla pudiera portar, utilizando productos fitosanitarios específicos que la protegen.

Remojo
- Consiste en sumergir la semilla en agua para hidratarla. Esto ablanda su capa exterior, permitiendo la penetración del agua y acelerando significativamente su brotación.

Escarificado
- Implica realizar un corte o raspado en la cubierta de la semilla. Esto facilita la absorción de agua y la posterior emergencia de la radícula, la primera parte en brotar.

Estratificado
- Se somete a las semillas a períodos controlados de temperatura (fría o caliente) y humedad, simulando las condiciones naturales de su entorno para romper la dormancia y forzar la germinación.

Una vez que el material vegetal está listo, es momento de considerar cómo se realizará el proceso de siembra o plantación. Existen diversas técnicas, que se adaptan a la especie y a las condiciones del terreno y el posterior cultivo, permitiendo elegir la más eficiente para cada caso:

- **A voleo.** Esta técnica consiste en esparcir las semillas de forma manual y uniforme sobre la superficie del terreno, cubriéndolas ligeramente con un rastrillo o similar.
- **En filas.** Se realiza trazando surcos paralelos en el suelo donde las semillas se depositan a una distancia constante, lo que facilita el control del cultivo y las labores posteriores.
- **A golpes o en hoyos.** En este método, se hacen pequeños hoyos en el suelo a intervalos regulares, donde se depositan una o varias semillas; es ideal para semillas de mayor tamaño.
- **De precisión.** Utiliza maquinaria especializada que asegura la colocación individual y exacta de cada semilla a la profundidad y la distancia deseadas, optimizando el uso del espacio y los recursos.
- **En semilleros o almácigos.** Las semillas se siembran en recipientes específicos o pequeñas parcelas controladas. Una vez que las plántulas crecen lo suficiente, se trasplantan a su ubicación definitiva.

Siembra de semillas a golpes o en hoyos

Las técnicas de trasplante pueden ser **manuales,** donde todo el proceso se hace a mano, o **mecánicas,** utilizando maquinaria que facilita la apertura y el cierre de zanjas y hoyos.

Más allá de la técnica empleada, el éxito de la siembra o plantación depende en gran medida de seleccionar el momento adecuado. Las épocas varían considerablemente, influenciadas por una serie de factores ambientales y características inherentes a la planta. Los elementos que tener en cuenta para obtener un desarrollo óptimo del cultivo son:

- **Especie y variedad vegetal.** Gracias al desarrollo agrícola y las mejoras genéticas, ahora existen variedades que permiten sembrar o plantar fuera de las épocas tradicionales, ampliando las ventanas de cultivo.
- **Climatología.** Las condiciones climáticas de cada región, como la temperatura y el riesgo de heladas, influyen directamente en cuándo es el momento óptimo para sembrar o plantar, adaptándose al ciclo de la planta.
- **Sistema de riego.** Si el cultivo cuenta con riego artificial (regadío), el agricultor tiene mayor flexibilidad. En cambio, en secano, la época depende crucialmente de las lluvias y la meteorología.
- **Forma de cultivo.** En ambientes controlados como los invernaderos, es posible manipular la atmósfera, lo que permite extender significativamente las épocas de cultivo en comparación con el exterior.
- **Tipo de suelo.** La composición del suelo, así como su capacidad de retención de agua y su temperatura, que están influenciadas por el clima, determinan también la época más adecuada para la siembra.

8.2. Labores asociadas a las plantas

Hay una serie de tareas que se realizan, específicamente, para garantizar el desarrollo de las plantas indistintamente del tipo de suelo donde se desarrollen. La planificación adecuada del momento de ejecución de cada labor es fundamental para garantizar su eficacia y optimizar el rendimiento del vivero.

Estas labores no solo aseguran unas condiciones óptimas para la implantación y el desarrollo adecuado de las plantas, sino que también inciden directamente en el aumento de la producción y en la obtención de un material vegetal de alta calidad. Las más habituales son las siguientes.

Aclareo

Cuando las plantas del semillero han comenzado a crecer y desarrollarse van ocupando espacio tanto en la parte aérea como en el suelo, por el crecimiento de sus raíces. El espacio existente entre las plantas tiene una gran influencia en su crecimiento y desarrollo. Al crecer muy juntas, las plantas se tocan y ello impide un correcto desarrollo de estas.

Además, las raíces de las **distintas plantas compiten** entre sí por el agua y por el espacio del suelo, por lo que su crecimiento no es el más adecuado al no recibir agua y nutrientes necesarios; por tanto, hay que evitar la competencia por el agua, la luz y los elementos fertilizantes.

Una manera de evitar estos problemas causados por la alta densidad de plantas es realizar una labor conocida como **aclareo** o entresacado, que consiste en sacar del semillero el exceso de plantas, así las que permanecen se podrán desarrollar correctamente. Siempre se retiran las plantas más débiles y pequeñas, que no se hayan desarrollado correctamente, que tengan alguna enfermedad o defecto, etc.

Aclareo de semillero

El objetivo del aclareo es conseguir un semillero de mayor calidad, con plantas sanas y que dispongan de suficiente espacio en el suelo y en la parte aérea. Las plantas que se quitan pueden ser colocadas en un contenedor, siempre y cuando estén sanas o se aprecien signos de que se desarrollarán bien, aunque lo habitual es desecharlas.

Esta tarea se realiza manualmente, evitando que al sacar una planta se dañen las más cercanas y se dañen las raíces. Habitualmente, la herramienta utilizada para sacar la plántula del semillero es una pala muy pequeña, o a veces un trozo de madera o plástico liso del tamaño adecuado a la profundidad que se tenga que llegar. También es muy habitual utilizar una cuchara, un tenedor u un objeto similar.

La realización del aclareo en el momento adecuado contribuye al aumento de la producción y mejora la calidad del material vegetal en vivero.

Repicado

Esta labor también se realiza con las plantas de los semilleros una vez que estas han comenzado a crecer. Consiste en colocar cada una de las plantitas en un **contenedor individual** para que sigan creciendo normalmente.

Esta labor se lleva a cabo en casi todos los cultivos donde se haya realizado previamente un semillero. El tamaño de la planta, llamada **plántula o plantón,** cuando están en el semillero debe ser lo suficientemente grande para que pueda ser manejada manualmente con facilidad. Esto suele ocurrir cuando tiene uno o dos pares de hojas.

La diferencia entre aclareo y repicado es que el objetivo del primero es mejorar el crecimiento del conjunto del semillero y el objetivo del segundo es mejorar el crecimiento de cada una de las plantas que se sacan de este a un nuevo contenedor.

Ambas tareas son ejemplos de labores que, al optimizar el espacio disponible y disminuir la competencia entre plantas, influyen en el aumento de la calidad y la cantidad en la producción del vivero.

Para repicar, se escogen las mejores plantas, las que estén más sanas y desarrolladas, con un buen sistema radicular, y se ponen en un contenedor, de pequeño tamaño, para que puedan seguir creciendo. Esta labor se realiza con dos **objetivos principales:**

Desarrollo de la raíz
- Al disponer de más espacio en el contenedor que en el semillero, las raíces pueden crecer libremente y así tomar del suelo todos los nutrientes y el agua que la planta necesita.

Aumento del espacio de crecimiento
- En el semillero, cuando las plantas ya han crecido unos centímetros de altura, comienzan a rozarse y tocarse unas con otras, impidiendo esa falta de espacio que el crecimiento sea el adecuado. Al ser colocadas en un contenedor individual, las plantas disponen de más espacio para crecer y desarrollarse.

El sustrato o mezcla de estos donde se coloque la plántula debe proporcionar los nutrientes necesarios para el crecimiento y el desarrollo de las plantas mientras permanecen en el envase. Es muy importante regar después de realizar el repicado y no exponer a la planta a un sol directo muy fuerte.

El contenedor que emplear es de pequeño tamaño, ya que es provisional hasta el próximo trasplante. Se emplean recipientes de cartón, papel o de otros materiales hechos con fibras vegetales, como la fibra de coco.

Cuando se ejecuta el repicado, se aprovecha para **acondicionar el sistema radicular y aéreo** de la planta, que básicamente consiste en efectuar una pequeña o leve poda, llevando a cabo las siguientes tareas:

Poda de raíces	- Las raíces deben ser podadas para igualar su tamaño, corregir defectos en el crecimiento e inducir un desarrollo adecuado, dejando solo las raíces que sean aptas y estén en perfectas condiciones.
Poda de parte aérea	- En caso necesario, con la intención de descargar a las plantas de una excesiva vegetación, se eliminan las hojas y los tallos que tengan defectos o sean débiles, deformes, etc.

Estas labores se realizan, normalmente, con unas tijeras de poda, aunque a veces se emplean navajas o cuchillas. Los cortes deben ser limpios y las herramientas que emplear deben estar muy bien afiladas y desinfectadas.

Arrancado de plantas

El arrancado de plantas consiste en sacarlas del suelo donde se están cultivando, con objeto de proceder a su venta o de trasladarlas a otra zona de cultivo donde seguirán desarrollándose. Para llevarlo a cabo y que la operación resulte sencilla, es necesario que el terreo esté húmedo, pero no encharcado. Así, el trabajo de movimiento y excavación del terreno resulta más fácil. Puede realizarse manualmente, con herramientas como la azada, la pala y/o el palín, o mecánicamente con maquinaria para movimientos de tierras como excavadoras.

Las labores de arrancado se ejecutan en el siguiente orden:

- **Cavar una zanja alrededor de la planta.** A una distancia adecuada del tronco principal para no dañar las raíces. Mientras mayor sea el tamaño de la planta, mayor será la distancia entre el tronco y la zanja excavada.
- **Cortar las raíces.** Mediante la introducción de la herramienta (pala o palín) en la base del cilindro que se ha creado en la tierra hasta que la planta quede suelta. El conjunto de raíces y tierra que se extrae del suelo se llama cepellón. En el mercado existe un tipo de maquinaria específicamente diseñada para el arrancado de plantas y la creación de cepellones conocida como encepellonadora.
- **Proteger el cepellón.** Una vez que el cepellón está fuera del suelo se cubre con una tela de fibras naturales como, por ejemplo, el yute o de

fibras de plástico. También se puede colocar dentro de un contenedor, que debe tener el tamaño adecuado, junto a un nuevo sustrato o una mezcla de este.

Hay algunas especies vegetales, las de hoja caduca, que se arrancan del suelo sin tierra adherida a las raíces, es decir sin cepellón, extrayendo única-mente las raíces. A este método de arranque o extracción de las plantas se le llama **a raíz desnuda** y se lleva a cabo en la época en que la planta está en reposo vegetativo, en otoño e invierno.

Aviverado

Consiste en **agrupar y almacenar** las plantas que han sido arrancadas hasta que sean colocadas en su nueva ubicación, la cual puede ser otro sitio del mismo vivero o su lugar definitivo de plantación, como un jardín o una zona forestal. Es un almacenamiento **provisional** o temporal. También es muy habitual aviverar las plantas que se han vendido y arrancado, hasta el momento en que son retiradas por el cliente.

En las plantas arrancadas a raíz desnuda, las labores de aviverado son:

Apertura de zanja
- Debe tener una pared vertical y otra inclinada. La profundidad de la zanja debe ser adecuada al tamaño de las raíces que se van a introducir en ella.

Colocación de las raíces
- Se introducen en la zanja, apoyando la parte aérea de la planta en la pared inclinada. De esta manera, el espacio necesario para el aviverado se reduce, ya que se pueden colocar unas plantas encima de otras.

Aporte de tierra
- Se cubren las raíces aportando tierra en la zanja.

Riego
- Es necesario aportar agua justo después de aportar la tierra para que las raíces puedan comenzar a hidratarse.

En zonas con peligro de heladas, es recomendable colocar una lona (normalmente de plástico) sobre el montículo de tierra, para proteger las raíces de las bajas temperaturas.

En las plantas arrancadas con cepellón de tierra, se pueden aviverar en una zanja o directamente sobre el suelo, siempre y cuando se mantengan las condiciones de cultivo adecuadas, sobre todo el riego.

Aviverado de plantas arrancadas en cepellón

Riego

El agua que necesita una planta depende de la especie, el estado de crecimiento, el sustrato o suelo donde se desarrolle y de las condiciones ambientales que se den en la zona de cultivo. En cultivos a cielo abierto, en las horas del día en que se produce una mayor insolación, desde las 11:00 hasta las 18:00 horas, es cuando más agua necesita.

Teniendo en cuenta todos estos factores, se calcula la cantidad de agua que aportar a la planta. A la hora de realizar este cálculo, siempre se supondrá la mayor cantidad necesaria, ya que, si se aporta menos agua, la calidad y la cantidad de la producción serán menores.

Algo que tener muy en cuenta al regar es lo que se conoce como **eficiencia de riego,** que es la cantidad de agua que realmente cumple con la misión para la que se utiliza, es decir, la **cantidad de agua que toman las plantas.** La cantidad de agua que se ha empleado para regar y no ha sido absorbida por la planta se conoce como **pérdidas**. Se puede perder agua de varias formas, sobre todo dependiendo del sistema de riego empleado; por ejemplo, los sistemas de riego por gravedad son los que más pérdidas tienen, por el contrario, el sistema de riego por goteo es el más eficaz. La principal causa de las pérdidas de agua son la evaporación y las fugas que se producen en las conducciones de los sistemas de riego.

 CONSEJO

Es muy recomendable realizar un análisis químico del agua de riego para conocer sus características, ya que en ocasiones puede interactuar negativamente con algunos tipos de cultivos.

Cuando el agua ha sido canalizada a la zona de cultivo, y dependiendo de las características del suelo y el sistema de riego empleado, se pueden seguir produciendo pérdidas de agua. Si el suelo o sustrato no tiene capacidad de almacenar el agua o esta se drena con rapidez, también se producen pérdidas. También hay que tener en cuenta que en las zonas con taludes y pendientes, debido a la gravedad, el agua se acumula siempre en la parte más baja de la superficie, por lo que es necesario que la nivelación de las zonas de cultivo sea la adecuada.

Otro concepto que tener en cuenta es la **uniformidad de riego,** que se refiere a un correcto **reparto del agua** en todas las zonas que se desean regar. El aporte debe ser el mismo en cada parcela, semillero o mesa de cultivo. Por ejemplo, si tenemos que regar mediante un sistema por goteo y aportamos a cada planta la misma cantidad de agua, estamos aportando uniformidad en el riego.

Abonado general

El aporte de nutrientes se realiza durante todas las etapas de cultivo, comenzando por la preparación previa del terreno y finalizando cuando la planta sale del vivero hacia su nuevo destino.

Los abonos se pueden clasificar según sea su origen: natural o artificial. Los naturales proceden de organismos que anteriormente han estado vivos, es decir, animales o plantas. Los artificiales, conocidos popularmente como químicos, se fabrican por el hombre a partir de minerales, suelen estar formulados para proporcionar nutrientes específicos y, a menudo, son más concentrados y de acción rápida.

Los abonos de **origen natural** más empleados en viverismo son:

- **Estiércol.** Es un abono tradicional procedente de la fermentación de excrementos de animales herbívoros, a menudo mezclados con paja. Los más comunes son de caballo, oveja, vaca, cabra, cerdo y gallina. Es muy importante que esté bien fermentado antes de su aplicación, y con ciertos tipos, como el de oveja, cabra o cerdo, la cantidad debe controlarse rigurosamente para evitar daños a las plantas. Los purines, líquidos derivados del estiércol, también se consideran abono, aunque requieren tratamiento previo.
- **Compost.** Se obtiene de la descomposición de una mezcla de restos vegetales y animales. Se utiliza tanto de abono por sí solo como de componente de sustratos mezclado con elementos como turba o arena, lo que lo convierte en un recurso versátil para el desarrollo de las plantas en viveros.
- **Guano.** Es un abono natural excepcionalmente rico en nutrientes, formado por la acumulación y la descomposición de los excrementos de aves marinas en zonas costeras e islas. Su composición lo convierte en un fertilizante muy valorado para nutrir las plantas de manera efectiva.
- **Humus de lombriz.** También conocido como vermicompost, es un abono orgánico de alta calidad resultante de la digestión de materia orgánica por lombrices. Proporciona una nutrición equilibrada a las plantas, aportando macronutrientes como nitrógeno, calcio, magnesio, fósforo y potasio, junto con micronutrientes esenciales. Además de nutrir, mejora significativamente las propiedades físicas del suelo, como la porosidad, la infiltración y la aireación, contribuyendo a un ambiente radicular óptimo.
- **Extracto de algas.** Es un producto líquido derivado de las algas marinas, altamente beneficioso para las plantas debido a su significativo aporte de materia orgánica. Su uso es común en viverismo para mejorar la salud y el crecimiento general de las plantas.
- **Lodos.** Son subproductos de la depuración de aguas residuales empleados como enmienda orgánica. Contienen una considerable cantidad de microorganismos y elementos beneficiosos que enriquecen el suelo y contribuyen al desarrollo saludable de las plantas.

Los abonos de **origen artificial,** también conocidos como abonos químicos o minerales, son fabricados industrialmente a partir de la manipulación de minerales extraídos de la tierra o procesos químicos sintéticos. Su principal ventaja radica en la precisión con la que se pueden formular para ofrecer concentraciones exactas de los nutrientes que una planta necesita, permitiendo un control muy específico sobre su alimentación. A diferencia de los abonos naturales, su acción suele ser más rápida y predecible, lo que los hace muy útiles para corregir deficiencias nutricionales de manera eficiente. No obstante, su uso requiere un conocimiento adecuado de las

necesidades del cultivo y del suelo para evitar excesos que puedan ser perjudiciales para la planta o el medioambiente.

IMPORTANTE

Es necesario que el estiércol esté muy bien fermentado antes de aplicarlo. En
el caso de los purines, hay que someterlos a un tratamiento previo.

Los tipos de abonos químicos más empleados en viverismo y agricultura,
debido a su composición y su acción específica, son:

- **Simples.** Suministran un solo nutriente primario (nitrógeno, fósforo o potasio). Son muy útiles para corregir deficiencias específicas o para fases
  del crecimiento donde un nutriente concreto es más demandado. Se dividen en:

  - **Abonos nitrogenados:** los más comunes incluyen el nitrato amó-
    nico, la urea y el sulfato amónico. El nitrógeno es fundamental para el
    crecimiento vegetativo, el desarrollo de hojas y tallos, y la fotosíntesis.
  - **Abonos fosfatados:** como el superfosfato simple o el superfosfato
    triple. El fósforo es crucial para el desarrollo de raíces, la floración y la
    fructificación, así como para la transferencia de energía en la planta.
  - **Abonos potásicos:** el cloruro de potasio y el sulfato de potasio son
    los más utilizados. El potasio mejora la resistencia de la planta a en-
    fermedades, sequías y heladas, además de ser vital para la calidad de
    los frutos y la regulación hídrica.

- **Complejos.** Contienen dos o más nutrientes principales (nitrógeno, fósforo y potasio) en una misma mezcla. La proporción de cada nutriente se
  indica con una serie de números (por ejemplo, 15-15-15, que significa 15
  % de nitrógeno, 15 % de fósforo y 15 % de potasio). Permiten un aporte
  equilibrado de nutrientes en una sola aplicación, siendo muy versátiles
  para diversas etapas de cultivo.
- **Liberación lenta.** Son abonos químicos formulados para liberar sus nutrientes gradualmente a lo largo del tiempo. Esto se logra mediante recubrimientos especiales o matrices que controlan la disolución de los compuestos. Son ideales para viveros y cultivos en maceta, ya que reducen
  la frecuencia de las aplicaciones y el riesgo de lixiviación de nutrientes,
  ofreciendo una nutrición constante y prolongada.

⮕ **Abonos foliares.** Son soluciones de nutrientes químicos que se aplican directamente sobre las hojas de las plantas. Son absorbidos rápidamente por la planta, lo que los hace muy efectivos para corregir deficiencias nutricionales agudas o para proporcionar un impulso rápido de
nutrientes en momentos clave del desarrollo. Suelen complementar el
abonado al suelo, no sustituirlo.

Tratamientos fitosanitarios

Para mantener la salud, y garantizar el correcto desarrollo de las plantas,
se emplean productos fitosanitarios y una serie de métodos de control que
buscan prevenir y erradicar los agentes dañinos.

Los **daños** pueden clasificarse en dos grandes **tipos:**

Daños bióticos o parasitarios
- Son aquellos provocados por la acción de organismos vivos ,
lo que comúnmente se conoce como plagas y enfermedades.
Una planta sufre una plaga cuando es dañada por un ser
vivo como un insecto o un ácaro. Por otro lado, se considera
enfermedad cuando el problema o daño es causado por un
hongo, un virus o una bacteria.

Daños abióticos o fisiopatías
- También conocidos como daños no parasitarios, estos son
causados por factores físicos, agentes meteorológicos o
problemas relacionados con la carencia o el exceso de
nutrientes. Los daños abióticos más comunes incluyen la
falta o el exceso de agua, temperaturas extremas (altas o
bajas), suelos poco fértiles, vientos fuertes o granizo.

Las plantas se mantienen sanas mientras pueden realizar sus funciones fisiológicas vitales, como la absorción de agua y nutrientes, la división celular,
la fotosíntesis y la reproducción. Sin embargo, cuando una o varias de estas
funciones se alteran, se considera que el vegetal está enfermo. Los síntomas pueden ser muy variados y dependen del agente causante del daño,
incluyendo hojas, flores y frutos roídos, marchitamiento general, manchas
de diversas formas y colores, o decoloraciones en hojas, tallos y otras partes.

Para una prevención efectiva y un control eficaz de los agentes dañinos,
es fundamental establecer un plan de tratamientos preventivos que incluya
un calendario de aplicaciones dentro del plan general de mantenimiento
del vivero. Este plan debe incorporar una serie de labores conocidas como
métodos de control, que se clasifican en dos grandes grupos:

Métodos de control directos

- Actúan directamente sobre los patógenos y se dividen en físicos, químicos y biológicos. Los físicos incluyen medidas como la desinfección del suelo mediante calor (vapor o solarización) y métodos mecánicos que dificultan el contacto entre plaga y planta, como trampas cromotrópicas y de feromonas. Los químicos emplean productos fitosanitarios para eliminar patógenos. Por último, el control biológico utiliza organismos vivos como insectos beneficiosos o microorganismos.

Métodos de control indirectos

- No afectan directamente al patógeno, pero ayudan a prevenir su aparición. Los legislativos regulan la sanidad vegetal mediante normas como el pasaporte fitosanitario. Los genéticos se centran en mejorar características como la floración, la adaptación y la resistencia a plagas y enfermedades, como en el caso de las plantas resistentes a la roya. Finalmente, los culturales incluyen buenas prácticas agrícolas como la limpieza de herramientas, la preparación adecuada del suelo, el uso correcto de abonos y agua, y la gestión de residuos, todas ellas claves para mantener la salud del cultivo.

8.3. Calendario de labores

En todo vivero y centro de profesional lo más habitual es que exista una programación para ejecutar las distintas tareas. A continuación, se presenta una tabla donde se detallan las labores de mantenimiento de suelos y cultivos más comunes, indicando el momento de realización más adecuado. Es muy importante tener en cuenta que las fechas pueden variar ligeramente dependiendo de la especie vegetal, las condiciones climáticas específicas de la zona geográfica y el estado de crecimiento del cultivo.

Labor	Mes											
	E	F	M	A	M	J	J	A	S	O	N	D
Laboreo del suelo	⊠	⊠	⊠	⊠	⊠	⊠	⊠	⊠	⊠	⊠	⊠	⊠
Abonado de fondo y aporte de enmiendas			⊠	⊠	⊠				⊠	⊠	⊠	⊠

Continúa en página siguiente >>

<< Viene de página anterior

Labor	Mes											
	E	F	M	A	M	J	J	A	S	O	N	D
Siembra y plantación		X		X	X	X	X	X	X	X		
Riego	X			X	X	X	X	X	X	X	X	X
Abonado (general / de cobertera)	X			X	X	X	X	X	X	X	X	X
Tratamientos fitosanitarios	X			X	X	X	X	X	X	X	X	X
Despunte y pinzamiento					X	X	X	X	X			
Deshojado						X	X	X	X			
Abonado específico con aplicación de hormonas							X	X				
Aclareo			X			X	X			X	X	
Repicado		X	X							X	X	
Arrancado	X	X									X	X
Aviverado	X	X									X	X

A la hora de realizar un calendario de trabajos, hay que tener en cuentas las siguientes **consideraciones:**

- **Tareas permanentes.** El laboreo del suelo, el riego, el abonado general y los tratamientos fitosanitarios son labores que se realizan durante todo el año, ajustándose a las necesidades específicas de las plantas, el ciclo de cultivo y las condiciones meteorológicas.
- **Planificación.** Realizar una correcta programación de las distintas tareas del vivero es fundamental para optimizar las condiciones de crecimiento y desarrollo de las plantas, asegurando la calidad del material vegetal desde la fase de vivero hasta la producción final.
- **Abonado de fondo y enmiendas.** Se aplican antes de iniciar el cultivo, principalmente entre el otoño y la primavera, para aportar nutrientes esenciales y mejorar las propiedades del suelo.
- **Siembra y plantación.** Aunque se pueden realizar en varios meses, la primavera y el otoño son las épocas más comunes para la preparación de semilleros y el trasplante.

- **Aclareo y repicado.** Estas tareas se realizan en las primeras fases de crecimiento de las plántulas, en primavera y otoño.
- **Arrancado y aviverado.** Se efectúan principalmente en los meses de parada invernal de las plantas o cuando están menos activas, desde finales de otoño hasta principios de primavera.

 ## ACTIVIDAD 2

El personal de un vivero tiene que realizar el riego en una parcela con cultivos a cielo abierto y le han ordenado que lo haga en el tramo horario en que las plantas reciben una mayor insolación, ¿cuál de los siguientes tramos horarios es el más adecuado?

- **Desde las 8:00 hasta las 20:00 horas.**
- **Desde las 8:00 hasta las 14:00 horas.**
- **Desde las 9:00 hasta las 14:00 horas.**
- **Desde las 11:00 hasta las 18:00 horas.**

Solución

En cultivos a cielo abierto, las horas del día en que se produce una mayor insolación, desde las 11:00 hasta las 18:00 horas, es cuando más agua necesita.

- -

 ## TAREA 1

Al personal de un vivero le han ordenado que organice un calendario que debe incluir las labores permanentes que hay que realizar durante todo el año. También tiene que indicar la época adecuada para el aclareo y el repicado, así como para el arrancado y el aviverado. Indica los meses o épocas más óptimos según cada tarea.

- -

9. Control ambiental

☞ **HILO CONDUCTOR**

Una vez que el invernadero está construido, y para asegurar las condiciones ideales de cultivo, Jorge controla y ajusta las condiciones ambientales, regulando la temperatura, la humedad y la luz mediante sistemas de sombreo, calefacción o ventilación, para mantener un entorno estable.

- -

Lo más habitual es que en los viveros y los centros de jardinería existan invernaderos y otras estructuras como umbráculos, que disponen de elementos de control ambiental cuyo objetivo es gestionar y adecuar la temperatura, la iluminación y la humedad a los niveles necesarios para el desarrollo de las plantas.

Se han desarrollado toda una serie de sistemas con los que se puede dominar a voluntad la atmósfera donde crecen los cultivos.

9.1. Calefacción

La calefacción se utiliza para controlar las bajas temperaturas. Se emplean diversos mecanismos o dispositivos casi exclusivamente en el interior de los invernaderos, que son:

Generadores de aire caliente
- Son máquinas que expulsan en el interior de los invernaderos un chorro de aire caliente. Estos aparatos incorporan un mecanismo de humidificación, de manera que el aire, además de estar caliente, lleva también la humedad necesaria para que las plantas se desarrollen correctamente.

Caldera de agua caliente
- Calienta invernaderos mediante un circuito cerrado de tuberías con agua entre 50 y 80 °C. Aunque su coste es elevado en instalación y mantenimiento, también se usa para calentar el suelo en climas fríos.

9.2. Refrigeración

La refrigeración se utiliza para controlar las altas temperaturas que en ocasiones se pueden alcanzar en un invernadero debido a una fuerte radiación solar. En grandes invernaderos, lo más habitual es que existan **instalaciones de aire acondicionado y climatizadores,** que regulan la temperatura mediante la proyección de aire caliente o frío. En otro tipo de instalaciones, menos mecanizadas, existen varias formas de disminuir la temperatura, aplicando alguna de estas técnicas:

- **Convección.** Se trata de crear una corriente de aire, de manera natural o artificial, para que el aire caliente circule y se renueve por otro limpio y a una temperatura inferior. La forma más sencilla y barata es mediante la apertura de ventanas, tanto en las paredes laterales como en el techo del invernadero. Las estructuras de los invernaderos se fabrican y construyen con estos sistemas de apertura, a veces manuales y en otras ocasiones mediante automatismos. Para crear una corriente de manera artificial se pueden colocar ventiladores, que mueven el aire del interior al exterior, aunque es un sistema más caro que el de apertura de puertas y ventanas.
- **Encalado o blanqueado.** Para reducir la insolación recibida en el invernadero se aplica cal o pintura blanca en los techos y/o las paredes, consiguiendo así que la luz se refleje y no pase al interior o lo haga con menos intensidad. Es un método muy económico y fácil de realizar. Como inconveniente presenta que con el paso del tiempo la cal o pintura se va degradando y perdiendo su poder de reflexión.
- **Sombreo.** Mediante la instalación de mallas de sombreo, dentro o fuera del invernadero, se puede reducir la insolación. Resulta un método muy económico y sencillo de ejecutar.
- **Evaporación de agua.** En este caso, se aporta agua en forma de vapor al interior del invernadero, disminuyendo así la temperatura ambiente.

9.3. Humidificación

La humidificación se utiliza para aumentar la humedad ambiental dentro del invernadero. Para llevarla a cabo se aporta vapor de agua mediante nebulización (en finísimas gotas que se asemejan a la niebla natural.

La humedad favorece un crecimiento más uniforme y disminuye la presión de plagas como los ácaros. También se usa como estrategia de enfriamiento, ya que la evaporación del agua reduce la temperatura del aire interior, contribuyendo al control climático del invernadero.

Para realizar la humidificación se emplean tuberías que expulsan el agua a presión mediante unos emisores llamados **nebulizadores.** Esta técnica se conoce como *fog system* y, además de controlar la humedad, también sirve para disminuir la temperatura ambiental del invernadero.

Otro sistema empleado, pero más costoso, es el conocido como *cooling*, consistente en colocar una pared de material poroso humedecido frente a la cual se coloca un aparato extractor de aire, creándose así una corriente de aire húmedo.

El control de la humedad en el invernadero se realiza mediante unos aparatos con sensores llamados **higrómetros** que miden la cantidad de agua del aire.

9.4. Iluminación

En instalaciones como invernaderos, umbráculos y túneles de cultivo, hay ocasiones en las que es necesario aumentar la iluminación natural, por lo que se recurre a la colocación de lámparas que emiten luz artificial.

El método más empleado es la instalación de lámparas que proporcionan luz artificial. Estas lámparas pueden ser de baja potencia, como los fluorescentes, o de gran potencia, como lámparas de sodio o de vapor de mercurio.

Las plantas responden a la cantidad de luz recibida dependiendo de su intensidad y de su duración. Mediante el control de la iluminación se pueden aumentar o disminuir las horas del día y, con ello, conseguir que algunas plantas florezcan antes de su período natural, como la flor de pascua. También es posible que algunas crezcan mucho más de lo que lo harían en la naturaleza, como los crisantemos, o retrasar las épocas de floración de algunas especies para favorecer el crecimiento vegetativo e impedir que florezcan, como los kalanchoes.

Invernadero con lámparas para iluminación

9.5. Fertilización carbónica

Las plantas realizan la fotosíntesis mediante la combinación de dióxido de carbono (CO_2), agua y luz solar, junto a sustancias internas como la clorofila, pero si alguno de estos elementos no se encuentra en un nivel adecuado, las plantas no podrán llevar a cabo este proceso.

Se ha comprobado que en recintos cerrados, como invernaderos, con unas condiciones óptimas de luminosidad y humedad, es bastante provechoso llevar a cabo un aporte de dióxido de carbono, ya que se puede aumentar el crecimiento de las plantas hasta seis veces más que en los recintos donde no se aporta, es decir, donde las plantas tienen un nivel normal de CO_2.

El aporte puede llevarse a cabo mediante una simple ventilación del espacio de cultivo o mediante medios artificiales, empleando maquinaria específica para tal fin.

Para conseguir una eficacia total hay que tener en cuenta el momento de aplicación, el cual dependerá de la luminosidad existente en el cultivo según la época del año y la hora del día. Por la mañana, los niveles de dióxido son altos y van disminuyendo durante el transcurso del día, por lo que la aplicación debería llevarse a cabo durante el mediodía y por la tarde.

Para realizar el aporte artificial de CO_2, son necesarias una serie de instalaciones y equipos capaces de aportar el gas y que garanticen el suministro cuando sea necesario. Estos elementos deben tener la capacidad de controlar la presión y el caudal necesario en cada momento, por lo que cuentan con un cuadro de gestión o control.

Hay ocasiones en las que el aporte de dióxido de carbono se realiza a través del agua de riego, mediante eyectores que enriquecen el agua que se aporta a las plantas del vivero.

 TAREA 2

La persona responsable del mantenimiento en un vivero que cuenta con un gran invernadero, un umbráculo y varias zonas de cultivo al aire libre se ha dado cuenta de que las plantas en el invernadero principal están mostrando signos de estrés debido a altas temperaturas extremas provocadas por la radiación solar. ¿Qué soluciones puede poner en práctica para evitar el problema?

10. Entutorado

☞ **HILO CONDUCTOR**

A medida que las plantas del vivero comienzan a crecer, Jorge va instalando sistemas de tutores, algunos provisionales y otros definitivos, para guiar el crecimiento de sus cultivos y así evitar daños por vientos o peso, y asegurar que adquieran la forma deseada para su venta o trasplante.

- -

Para que las plantas crezcan con la forma deseada se utilizan una serie de elementos, conocidos como **tutores,** los cuales se colocan principalmente en el suelo o en el contenedor de cultivo de forma paralela al tronco (o rama) que se desea formar o **entutorar.** Por tanto, el entutorado es el conjunto de técnicas destinadas a proporcionar un soporte artificial a las plantas durante su desarrollo con el objetivo de guiar su crecimiento, optimizar su forma, mejorar su calidad final y facilitar su manejo.

En la producción de plantas en vivero, ya sean ornamentales, hortícolas, frutales o forestales, el entutorado es una labor cultural esencial que va mucho más allá de ofrecer un soporte físico de crecimiento. Esta tarea es fundamental para maximizar el rendimiento económico y estético de los cultivos en entornos controlados, donde las plantas compiten por espacio y luz, y donde las exigencias del mercado requieren ejemplares bien formados, resistentes y listos para su trasplante o venta.

Lo normal es colocar tutores cuando el tronco no tiene la suficiente rigidez para mantenerse erecto por sí mismo, y también cuando la planta se encuentra sometida a vientos constantes que hacen que su crecimiento sea inclinado.

Los **objetivos** del entutorado son los siguientes:

- **Sostén estructural.** Evitar el vuelco o la rotura de tallos por la acción del viento, el peso de la copa, los frutos o las flores, o simplemente por un crecimiento desequilibrado. Es la función más básica y evidente.
- **Optimizar el espacio.** Guiar el crecimiento de las plantas de forma vertical u ordenada, permitiendo una mayor densidad de plantación sin que se produzca sombreo excesivo o competencia física perjudicial. Esto es vital en invernaderos y túneles donde el espacio es limitado y costoso.
- **Favorecer la calidad morfológica.** Dirigir el crecimiento para obtener plantas con un porte definido (ejes principales rectos, copas simétricas,

formas arquitectónicas específicas) que cumplan con los estándares comerciales (árboles a un tronco, rosales de pie alto, setos formales).

- **Mejorar la sanidad vegetal.** Mejora de la aireación: al separar las plantas y sus partes (hojas, tallos), se reduce la humedad relativa en el follaje, dificultando el desarrollo de enfermedades fúngicas como botritis, mildiu u oídio.
- **Evitar el contacto con el suelo.** Mantiene los frutos, las flores y el follaje alejados de la humedad del sustrato y posibles patógenos del suelo, reduciendo podredumbres y salpicaduras.
- **Facilitar otras labores culturales.** Hace más accesibles y eficientes operaciones como el riego (dirigido al suelo, no al follaje), la poda, el aclareo de frutos, la cosecha y la inspección. Permite una mejor penetración de pulverizaciones o aplicaciones, asegurando una cobertura más uniforme.
- **Mejorar la exposición lumínica.** Al orientar las plantas y sus ramas, se maximiza la captación de luz solar (fototropismo positivo), esencial para la fotosíntesis, la floración y la fructificación.

10.1. Sistemas de fijación

Se ha demostrado que el uso de tutores ayuda al crecimiento en altura de la planta, en perjuicio del desarrollo lateral, por lo que se emplea muy a menudo en el cultivo de árboles ornamentales. El entutorado es una técnica que se emplea, además de en viveros, en la instalación y el mantenimiento de zonas verdes.

Es muy importante que el tutor nunca toque el tronco de la planta, ya que puede causar daños en este por rozaduras. La colocación debe ser de tal manera que ejerza su función de sujeción, pero que permita que el tronco pueda moverse un poco cuando sople el viento. En general, hay que entutorar cuando la planta es joven y sus tejidos aún son flexibles.

La elección del sistema de entutorado depende en gran medida de las características intrínsecas de cada especie. El tamaño y la resistencia del tutor también varían según el cultivo. Para plantas de porte bajo o en maceta, se utilizan tutores finos y cortos, mientras que los árboles jóvenes o especies de crecimiento vigoroso, como olivos o almendros, necesitan tutores de mayor grosor y altura, capaces de soportar condiciones climáticas adversas.

Hay que distinguir, en primer lugar, entre entutorado provisional y definitivo. El entutorado **provisional** consiste en colocar el tutor o elemento de guía durante un período concreto de crecimiento para conseguir un efecto determinado. Cuando se ha obtenido la forma o el crecimiento deseado, se retira. Por ejemplo, en los árboles jóvenes es habitual colocar un tutor durante los primeros años para asegurar el crecimiento recto del tronco, y una vez que este crecimiento ya se ha definido y existe la seguridad de que el árbol no crecerá torcido, se retira el tutor.

El entutorado **definitivo** consiste en colocar el tutor o elemento de guía dejándolo durante todo el período de crecimiento. Este tipo de entutorado, en viverismo, se utiliza en determinado tipo de plantas ornamentales cultivadas en contenedor, cuyos tallos son débiles o muy quebradizos, por lo que se les coloca un soporte de plástico en forma de enrejado o cuadrícula. Por ejemplo, es muy normal en la conocida popularmente como flor de pascua.

Los sistemas de fijación se llevan a cabo en función del cultivo del que se trate y se adaptan a las características de las plantas, siendo esenciales para su desarrollo. Estos pueden ser:

- **Árboles y arbustos jóvenes.** Se clava un tutor cerca del tronco sin dañar el cepellón. La altura ideal llega hasta la primera rama o ligeramente por debajo de la cruz. Se usan 2-3 ataduras en forma de ocho, permitiendo un ligero movimiento del tronco para fortalecerlo. Un único tutor debe ir en el lado de los vientos dominantes. También se pueden usar cables tensores anclados al suelo, lo que requiere más espacio y al menos dos o tres cables para ser efectivos.
- **Plantas trepadoras.** Requieren estructuras sólidas como listones, cañas o mallas. Se usan cuerdas o bridas para sujetar el tallo sin apretar. Muchas desarrollan raíces aéreas que se adhieren a tutores verticales a los que se les han añadido materiales naturales. Existen tutores ampliables para conseguir mayor altura, guiando el crecimiento y mejorando la exposición a la luz.
- **Especies para formas especiales (topiaria).** El arte topiario moldea plantas con poda y armazones metálicos o plásticos para crear figuras. Se eligen especies de crecimiento denso, podándolas regularmente (2-3 veces al año) para mantener la forma. Los tutores internos o externos aseguran la dirección y el soporte de las ramas, añadiendo valor ornamental a los jardines.
- **Hortícolas.** Pueden entutorarse de varias formas:

  - **Tutor rígido en cada planta:** se ata el tallo principal a medida que crece.
  - **Sistema de cuerdas:** común en invernaderos; un hilo fuerte cuelga de un alambre superior y se ata a la planta, que se enrosca o sujeta con clips.
  - **Espalderas:** postes con varios niveles de cuerdas o mallas tensadas a los que las plantas se atan o entrelazan.
  - **Jaulas o conos de malla:** para plantas arbustivas; la malla las sostiene a medida que crecen a través de ella.

10.2. Útiles y herramientas. Materiales y accesorios

Al entutorar, la clave es la **resistencia y la estabilidad** del sistema de fijación. Debe ser lo suficientemente robusto para soportar el peso máximo de la planta, incluyendo frutos y humedad, además de resistir la fuerza del viento. Es fundamental que las bases de los tutores estén bien ancladas al suelo para evitar caídas.

Es muy importante realizar el **mantenimiento periódico** del tutor ya colocado y de su sistema de fijación a la planta, por lo que hay que inspeccionar regularmente, ajustar o rehacer nudos y atados, reemplazar tutores dañados, y limpiar o desinfectar los materiales que se reutilicen. Los tutores deben retirarse cuando ya no sean necesarios para la planta.

La elección del material del tutor es fundamental y depende de factores como la durabilidad requerida, el coste económico, el tipo de planta, el peso que soportar, la estética y la sostenibilidad.

Los **materiales de los tutores** varían según el cultivo y las necesidades específicas de soporte. Los más comunes incluyen:

Material	Composición	Caracteristicas
Madera	Pinos, abetos, castaños, bambú (material natural, biodegradable, fácil de trabajar).	- Ventajas: buena resistencia, facilidad de uso. - Desventajas: puede astillarse, requiere tratamiento (autoclave para duración), vida útil limitada. La madera tratada adquiere un color verdoso.
Plástico (polímeros sintéticos)	PVC, polipropileno, polietileno, poliéster reforzado con fibra de vidrio (PRFV).	- Ventajas: duraderos, ligeros, fáciles de limpiar y desinfectar, muy consistentes. El PRFV ofrece alta resistencia a la flexión. - Desventajas: menor rigidez que el metal, impacto ambiental si no se recicla, fragilidad con frío o sol intenso, coste inicial potencialmente más alto.
Metal	Varillas de acero galvanizado o inoxidable, aluminio.	- Ventajas: máxima resistencia, rigidez, vida útil muy larga, reutilizables. - Desventajas: coste inicial elevado, riesgo de quemaduras solares si se calientan excesivamente, puede oxidarse si no está bien protegido.

Es necesario elegir adecuadamente el material de atado. Estos elementos no solo fijan la planta al soporte, sino que también deben protegerla de daños y permitir su crecimiento continuo. El mercado ofrece soluciones específicas para cada tipo de cultivo y necesidad de manejo. Los **materiales para atado** más habituales usados en viveros y centros de jardinería son:

- **Rafia natural.** Fibra vegetal suave y resistente, 100 % biodegradable, ideal para atados temporales sin dañar el tallo. Se descompone con el tiempo, por lo que es necesario retirarla o cambiarla.
- **Rafia sintética.** Material plástico muy resistente, ligero y duradero, estabilizado contra rayos UV. Muy común en horticultura por su bajo coste y alta resistencia, aunque no es biodegradable y debe ser recogida al final del ciclo.
- **Cintas con clip integrado.** Tirantes de plástico flexible con un clip que permiten atar rápidamente la planta al tutor, manteniendo la tensión deseada. Son fáciles de ajustar y ahorran tiempo en el tutorado intensivo.
- **Alambre recubierto.** Alambre de acero con revestimiento plástico que ofrece máxima sujeción. Muy firme, pero debe usarse con extremo cuidado para no estrangular el tallo, recomendándose solo para fijaciones puntuales.
- **Materiales elásticos.** Gomas, cordones especiales y bandas diseñados para estirarse y permitir el engrosamiento del tallo sin comprimirlo. Ideales para injertos y uniones delicadas, algunos son biodegradables y no requieren retirada manual.
- **Sistemas de anclaje para tutores.** Accesorios metálicos o plásticos, como grapas en U o piquetas, que fijan firmemente el tutor al suelo o a contenedores. Aseguran la estabilidad del tutor sin dañar la planta.

Para realizar correctamente el entutorado, se requiere el uso de herramientas y accesorios, algunos diseñados específicamente para esta tarea. La siguiente tabla muestra estos útiles y el uso que tienen.

Herramienta / accesorio	Descripción	Uso
Atadoras manuales o eléctricas.	Máquinas compactas, ligeras y ergonómicas, fabricadas con plástico resistente y componentes metálicos. Funcionan con rollos de cinta especial y grapas metálicas o biodegradables.	Permiten atar rápidamente las plantas a los tutores de forma eficiente y con poco esfuerzo. Son ideales para grandes volúmenes de trabajo en viveros.
Grapas para atadoras	Pequeños elementos de sujeción, generalmente de acero galvanizado o biodegradable, diseñados para ser utilizados con las atadoras manuales.	Fijan la cinta alrededor del tallo y el tutor, asegurando la unión de forma rápida y efectiva.

Continúa en página siguiente >>

<< Viene de página anterior

Herramienta / accesorio	Descripción	Uso
Anillas o clips de entutorado	Pequeños dispositivos en forma de aro o pinza, fabricados en plástico rígido o flexible, o metal recubierto. Vienen en varios diámetros para adaptarse a distintos grosores de tallo.	Permiten una sujeción rápida y fácil del tallo al tutor, siendo reutilizables y permitiendo un ajuste simple a medida que la planta crece. Son muy comunes en cultivos de tomates o pimientos.
Mallas de entutorado	Redes con diferentes tamaños de cuadrícula, fabricadas en polipropileno, nylon o PEAD (polietileno de alta densidad), resistentes a los rayos UV. Se presentan en rollos de diversas alturas.	Proporcionan un soporte continuo para que las plantas trepen o se apoyen, distribuyendo el peso de forma más uniforme. Son ideales para cultivos de enredaderas o plantas que necesitan muchos puntos de apoyo.
Alambres recubiertos	Alambre de acero galvanizado recubierto de plástico o PVC, lo que le confiere resistencia a la corrosión y suavidad para no dañar los tallos. Vienen en rollos de diferentes calibres.	Utilizado para guiar y sujetar ramas o tallos más robustos a estructuras permanentes o tutores más grandes. El recubrimiento protege la planta.
Dispensadores de cinta o hilo	Pequeños dispositivos de mano o que se acoplan al cinturón, de plástico o metal, diseñados para sujetar un rollo de cinta o hilo y facilitar su desenrollado y corte.	Optimizan el proceso de atado manual, haciendo más cómodo y rápido el acceso al material de sujeción.
Tijeras de podar	Herramientas con hojas afiladas de acero inoxidable y mangos ergonómicos (plástico, goma, metal).	Sirven para cortar la cinta o el cordel a la longitud deseada y, en algunos casos, para realizar pequeños recortes o desbrotar la planta antes o durante el entutorado.

 ## SABÍAS QUE...

Además, se usan habitualmente martillos de goma para fijar sin dañar, alicates y tenazas para cortar y manipular alambres, así como cuchillos o navajas para cortar materiales diversos y realizar ajustes.

TAREA 3

Trabajas como ayudante en el vivero "La Huerta Verde", dedicado a la producción de plantas hortícolas. El responsable del vivero te encarga preparar el material necesario para entutorar distintos cultivos antes de que comiencen a crecer en altura.

En el vivero hay plantas de tomate y pimiento, así como plantas trepadoras que necesitan un soporte continuo. Para realizar el trabajo dispones de diferentes útiles, herramientas y accesorios, pero debes identificar correctamente cuáles son y para qué se utilizan antes de comenzar.

A partir de esta situación, realiza las siguientes tareas:

- Enumera los útiles y herramientas de entutorado que serían necesarios para realizar el trabajo.
- Explica para qué se utiliza cada uno durante el entutorado.
- Indica qué tipo de planta o situación es más adecuada para cada útil o herramienta.

ACTIVIDAD 3

Al personal de un vivero le han encargado que entutoren las plantas de dos parcelas distintas. En una se cultivan árboles muy pequeños y en la otra, arbustos jóvenes. Delas siguientes opciones, ¿qué sistema de enturado deben seguir para cada tipo de parcela y qué útiles se deben utilizar?

- **En ambas parcelas se debe clavar un tutor cerca del tronco sin dañar el cepellón.**
- **En ambas parcelas se debe colocar un sistema de cuerdas.**
- **En los árboles pequeños se debe poner un tutor y en los arbustos un sistema de cuerdas.**
- **En los árboles pequeños se debe poner una estructura sólida y en los arbustos un sistema de espalderas.**

Continúa en página siguiente >>

<< Viene de página anterior

Solución

La primera opción es la más adecuada, ya que se clavar un tutor cerca del tronco sin dañar el cepellón. La altura ideal llega hasta la primera rama o ligeramente por debajo de la cruz. Se usan 2-3 ataduras en forma de ocho, permitiendo un ligero movimiento del tronco para fortalecerlo. Un único tutor debe ir en el lado de los vientos dominantes. También se pueden usar cables tensores anclados al suelo, lo que requiere más espacio y al menos dos o tres cables para ser efectivos.

11. Resumen

El mantenimiento de las condiciones de cultivo en viveros y centros de jardinería depende, en gran medida, de una gestión adecuada y de la aplicación de labores culturales específicas. Este proceso abarca desde la preparación y el manejo del terreno o sustrato, hasta la aplicación de diversas labores culturales específicas.

El suelo agrícola se diferencia del suelo geológico por su intervención humana, destinada a optimizar la producción. Su fertilidad depende de tres factores, clasificándose en física (textura, estructura), química (pH, nutrientes) y biológica (microorganismos). Los horizontes del suelo (O, A, B, C) definen su capacidad de cultivo, siendo el horizonte A el más importante por su riqueza en nutrientes.

La preparación del terreno implica labores profundas como el destoconado, el despedregado, el desfonde y el subsolado, que mejoran la aireación y el drenaje, y labores superficiales para crear un lecho de siembra adecuado. El manejo del suelo incluye técnicas como la bina (remover el suelo) y la escarda (eliminar malas hierbas), junto con métodos preventivos y culturales para controlar la vegetación no deseada.

Los sustratos son fundamentales en los viveros, ya que reemplazan o complementan al suelo natural. Se clasifican en orgánicos (turba, fibra de coco) e inorgánicos (perlita, lana de roca), cada uno con propiedades específicas de retención de agua y nutrientes. La elección del contenedor (plástico, cartón, fibras) también influye en el desarrollo radicular y la facilidad de transporte.

La desinfección del suelo es crucial para evitar patógenos. Métodos como la solarización (calor), biofumigación (materia orgánica) y desinfección química ofrecen ventajas y limitaciones según el contexto.

El entutorado es una técnica utilizada en viveros y cultivos que consiste en guiar el crecimiento de las plantas mediante soportes (tutores) para mejorar su desarrollo, evitar roturas y optimizar el espacio. Se emplea en especies trepadoras o plantas de tallo débil, usando materiales como cañas, mallas o alambres. Los beneficios incluyen mayor aireación, exposición uniforme a la luz y facilidad en la cosecha. Además, previene enfermedades al separar las plantas del suelo húmedo. El método varía según la especie.

Ejercicios de autoevaluación
Unidad de Aprendizaje 1

1. Indica si la siguiente oración es verdadera o falsa: "La fertilidad química del suelo está determinada principalmente por la textura y la porosidad del suelo".

   ■ Verdadero
   ■ Falso

2. ¿Cuál es el propósito principal del sistema de humidificación por nebulización en invernaderos?

   a. Reducir la temperatura mediante la aplicación de cal en las cubiertas del invernadero.
   b. Aumentar la humedad ambiental mediante la emisión de finas gotas de agua, similares a la niebla.
   c. Proporcionar luz artificial para extender el período de fotosíntesis en invierno.
   d. Crear una corriente de aire caliente para mantener temperaturas óptimas.

3. Indica si la siguiente oración es verdadera o falsa: "La solarización es un método de desinfección del suelo que utiliza plástico transparente para elevar la temperatura del suelo y eliminar patógenos".

   ■ Verdadero
   ■ Falso

4. ¿Qué son los daños bióticos?

   a. Son los causados por factores físicos o agentes meteorológicos.
   b. Son aquellos provocados por la acción de organismos vivos.
   c. Son los causados por la carencia o el exceso de nutrientes.
   d. Los causados por falta o exceso de agua.

5. Relaciona los siguientes conceptos:

    a. Calefacción.
    b. Refrigeración.
    c. Fertilización.
    d. Retrasar floración.

    __ CO_2.
    __ Caldera.
    __ Iluminación.
    __ Convección.

6. Completa los espacios en blanco de la siguiente frase, escogiendo dos de las palabras propuestas:

Anillo – Quemaduras – Tronco – Enrejado – Rozaduras – Torsión

"Es muy importante que el tutor nunca toque el _____ de la planta, ya que puede causar daños en este por _____".

7. De estos sustratos, indica cuáles son inorgánicos:

    a. Arena
    b. Lana de roca
    c. Fibra de coco
    d. Compost

8. ¿Qué es la capacidad de intercambio catiónico (CIC)?

    a. Es un parámetro que indica la capacidad de una solución para conducir una corriente eléctrica.
    b. Es la capacidad que tiene el suelo o el sustrato para retener los nutrientes y luego liberarlos para que las raíces de las plantas puedan absorberlos.
    c. Es el factor químico del suelo que controla la solubilidad y la disponibilidad de los nutrientes.
    d. Es una escala que permite conocer la fertilidad del suelo o el sustrato, y también indica la disponibilidad de macronutrientes y micronutrientes.

9. **Indica si la siguiente oración es verdadera o falsa: "Las rocas volcánicas trituradas mejoran el drenaje y la aireación gracias a su porosidad y su gran contenido en arcilla, cercano al 95 %".**

   ■ Verdadero
   ■ Falso

10. **¿Cuál es el propósito principal del entutorado provisional en árboles jóvenes?**

    a. Soportar permanentemente la planta durante todo su ciclo de crecimiento para mantener una forma específica.
    b. Asegurar que el tronco crezca recto durante los primeros años y retirarlo una vez que se logra el crecimiento deseado.
    c. Proporcionar una estructura de enrejado para maximizar su crecimiento lateral.
    d. Proteger la planta de una fuerte insolación, y mantener el follaje alejado del suelo húmedo para evitar el contacto con patógenos.

La poda

Contenido

Objetivos

Los objetivos específicos de esta Unidad de Aprendizaje son:

→ Identificar las principales técnicas de poda.

→ Realizar los distintos tipos de poda según su objetivo, el tipo de cultivo y las partes que se eliminan.

→ Reconocer las herramientas y los equipos utilizados en los trabajos de poda.

→ Gestionar los restos de poda mediante el empleo de distintas técnicas, optimizando los recursos del vivero y minimizando el impacto ambiental.

1. Introducción

La poda en viveros y centros de jardinería es una tarea esencial, ya que permite regular el crecimiento, la salud y la calidad de las plantas. El objetivo principal varía en función del tipo de planta y su uso final; en especies ornamentales se busca preparar los ejemplares para el trasplante a una zona verde, en las hortícolas y frutales predomina el objetivo productivo, maximizando la cantidad y la calidad de los frutos, y en la producción y el cultivo de árboles para silvicultura se orienta hacia la producción de madera de calidad, con estructuras rectas.

En un vivero, la poda permite adaptar la forma de las plantas, adelantar o retrasar la floración y la fructificación en función de las demandas del mercado, mejorar la uniformidad y el calibre de flores y frutos, facilitar otras labores culturales y reducir el riesgo de plagas y enfermedades eliminando partes afectadas o mal desarrolladas. Igualmente, incide en la organización del espacio de cultivo, permitiendo marcos más estrechos y un manejo más eficiente del área disponible.

Existen diversos tipos de poda, como son la de formación, para definir la estructura y la silueta desde el inicio del desarrollo; la de mantenimiento, que elimina partes secas, enfermas o que comprometen la forma deseada; la de rejuvenecimiento, aplicada en ejemplares envejecidos o dañados para estimular el rebrote, y las podas especiales, que buscan controlar el crecimiento o crear figuras específicas.

Cada especie y situación requiere el uso de equipos específicos, desde tijeras de mano para pequeñas ramas hasta motosierras para trabajos en árboles grandes.

El mantenimiento de las herramientas y la maquinaria es crucial para garantizar cortes limpios, seguros y libres de infecciones. Las labores habituales incluyen limpieza, afilado, lubricación y almacenamiento en condiciones secas y protegidas. Estas operaciones no solo prolongan la vida útil de los equipos, sino que previenen la transmisión de enfermedades entre plantas, optimizando la eficiencia de la poda.

La gestión adecuada de los residuos generados es una parte más de la tarea de poda. Los restos blandos, compuestos por hojas y tallos tiernos, y los duros, por ramas y troncos leñosos, se procesan mediante biotrituradoras, trituradoras y cribadoras para su transformación en recursos útiles como el compost o para su uso como acolchado.

Jorge, consciente de la importancia de la poda para producir plantas sanas y fuertes, ha realizado una gran inversión en maquinaria y herramientas de última generación. También ha contratado personal experimentado y con formación específica en la materia.

2. Fundamentos generales

☞ HILO CONDUCTOR

En su vivero, el objetivo principal de Jorge es preparar cada planta para su destino final, ya sea un jardín, una explotación agrícola o un bosque. Para lograrlo, realiza la poda teniendo en cuenta que debe, según el caso, dar una forma concreta, aumentar la floración, la fructificación o producir madera de calidad.

La poda se lleva a cabo en la zona aérea de la planta mediante la eliminación de alguna parte del follaje, ya sean ramas, hojas, flores o frutos. Es una técnica fundamental que varía significativamente según el contexto donde se realice. Esta tarea demanda mucha dedicación, tanto de recursos humanos como de maquinaria, vehículos y otros útiles.

Aunque el principio básico consiste en la eliminación selectiva de ramas o partes de las plantas, los objetivos, los métodos y los enfoques son distintos y difieren considerablemente entre la jardinería ornamental, la agricultura, la silvicultura forestal y la producción en viveros.

2.1. La poda en viveros

En los **viveros de producción vegetal,** la poda presenta unas características únicas que combinan aspectos del ámbito de la jardinería, la agricultura y la silvicultura. En estas instalaciones, esta tarea se enfoca en preparar las plantas para su posterior trasplante y establecimiento, asegurando que desarrollen una estructura adecuada desde los primeros años.

La poda en viveros incluye técnicas de formación temprana para orientar el crecimiento y otras tareas relacionadas con el mantenimiento, como eliminar ramas débiles, rotas o superpuestas, y podas específicas según el destino final de las plantas, ya sean ornamentales, hortícolas, forestales o frutales. Es fundamental mantener un equilibrio entre el desarrollo vegetativo y el reproductivo, preparando las plantas para diferentes usos futuros.

En jardinería, la poda tiene un objetivo ornamental y estético. Se busca dar forma a los árboles y los arbustos para mejorar la apariencia del jardín. Esto incluye podas de formación, mantenimiento, rejuvenecimiento y la técnica de topiaria, que crea formas artísticas.

 **PARA SABER MÁS**

Hay algunas especies que son más adecuadas que otras para la topiaria. En la siguiente web podrás conocer algunas de ellas.

Accede a la web desde aquí:

https://redirectoronline.com/3050040201

En la agricultura, la poda tiene un fin económico, y se centra en aumentar la producción y la calidad de los frutos. Se enfoca en mejorar el rendimiento del cultivo mediante la poda de formación, mantenimiento y producción.

En la silvicultura (sector forestal), la poda busca producir madera de alta calidad, con un tronco recto y sin nudos. Se realizan podas de formación y de calidad para eliminar las ramas inferiores del árbol a una edad temprana y asegurar que la madera sea uniforme.

Por tanto, las principales diferencias radican en los objetivos: estético en jardinería, productivo en agricultura, maderero en silvicultura, y de cultivo o crianza en viveros. La frecuencia de las intervenciones es mayor en jardinería ornamental y viveros, mientras que en silvicultura se realiza en momentos específicos del desarrollo del árbol para maximizar la calidad de la madera.

La elección del tipo de poda debe considerar siempre las características específicas de cada especie, la edad del ejemplar y el efecto deseado, respetando la fisiología de la planta.

2.2. Objetivos de la poda

Como ya se ha comentado, en un vivero el objetivo general de la poda es preparar las plantas para su posterior trasplante y establecimiento, asegurando que desarrollen una estructura adecuada desde los primeros años, pero dependiendo del destino final (zona verde, explotación agrícola, bosque, etc.) se realiza de diferente manera o con técnicas variadas.

Indistintamente del uso que tendrá la planta cultivada, en los viveros y los centros de jardinería, los **objetivos generales** de la poda son:

- **Obtener flores y frutos precoces.** Se poda para que aparezcan en la planta antes de tiempo. En ocasiones, también se busca una floración y/o fructificación tardía. Se pretende obtener flores o frutos antes de su fecha natural para aprovechar mercados con alta demanda, por ejemplo, en el caso de la flor cortada para fechas especiales.
- **Conseguir un aumento en la calidad de los frutos.** Se persigue que los frutos tengan mejor aspecto, tamaño y una mayor uniformidad en su textura y su color. Esto es de gran importancia, sobre todo en las plantas cultivadas en un vivero cuyo destino final es una zona verde, ya que la presencia de frutos en los árboles tiene un gran valor ornamental debido a que ayudan a realizar cambios en el entorno.
- **Producir mayor floración.** Se pretende que las flores aumenten en cantidad, calidad, y que sean más grandes y fragantes. En ocasiones, se busca una floración temprana o tardía.
- **Facilitar otras tareas.** La intención con la poda es también ayudar a la realización de otras prácticas culturales que han de llevarse a cabo, como, por ejemplo, tratamientos fitosanitarios, laboreo del suelo, entutorados, etc.
- **Reducir marcos de plantación.** Cuando se colocan las plantas más cerca entre sí, se reduce el espacio disponible para cada una de ellas, lo que permite acomodar un mayor número de plantas en una misma superficie.
- **Reducir plagas y enfermedades.** Al eliminar partes enfermas o secas, se evitan la proliferación de patógenos y los ataques de insectos, ácaros, etc.
- **Crear figuras específicas.** Se pueden crear plantas con forma esférica, piramidal, cilíndrica, etc.

 **EJEMPLO**

Los naranjos ornamentales tendrían todo el año el mismo aspecto si no aparecíesen las naranjas, que aportan un toque de color y ayudan a realizar cambios en el paisaje.

Las labores de poda se deben coordinar con las demás labores culturales que se llevan a cabo en la zona verde, como el abonado, los riegos, los tratamientos fitosanitarios, etc.

2.3. Morfología y fisiología de los vegetales

Las plantas se ven afectadas profundamente por la poda, por lo que para hacerlo de manera efectiva y minimizar el daño, es fundamental entender su estructura y su funcionamiento.

La **morfología vegetal** es la parte de la botánica que estudia las **formas y las estructuras de las plantas,** así como la constitución de sus células y los tejidos (conjunto de células) que forman. También estudia la organización de esos tejidos dentro y fuera de las plantas. Desde el punto de vista morfológico, podemos distinguir cinco partes bien distintas en una misma planta: raíz, tallo, hojas, flores y frutos.

Por otro lado, la **fisiología vegetal estudia las funciones o los procesos que lleva a cabo la planta** para poder vivir, dentro de los cuales las más importantes son la fotosíntesis y la respiración.

DEFINICIÓN

Fotosíntesis
Proceso mediante el cual los vegetales fabrican su alimento partiendo del agua, el dióxido de carbono (CO_2) y los nutrientes del suelo. Como resultado de la fotosíntesis, se libera oxígeno (O_2).

Con la **respiración,** la planta realiza un intercambio gaseoso con la atmósfera que la rodea, absorbiendo oxígeno (O_2) y liberando dióxido de carbono (CO_2) y agua en forma vaporizada.

Este intercambio gaseoso puede llevarse a cabo mediante los siguientes **tipos de células:**

Estomas	- No se ven a simple vista y están formados por dos células que se han modificado y han tomado una forma arriñonada. Estas células se llaman oclusivas. Para llevar a cabo el intercambio de gases, crean un orificio denominado ostiolo, el cual se cierra automáticamente cuando hay CO2 en exceso o cuando hay deficiencia de agua en el interior de la planta. Habitualmente, se encuentran en el envés de las hojas (parte inferior), para protegerse de los rayos directos del sol, ya que los puede dañar. También hay estomas en los tallos de las plantas herbáceas, aquellas que no desarrollan un tallo leñoso, por ejemplo, el clavel o el girasol.
Lenticelas	- Están repartidas en la corteza de los tallos y de las raíces. Son pequeñas grietas o hendiduras. Las hay de forma lenticular (de lenteja), y su orientación es en vertical u horizontal respecto al tallo. También pueden ser con formas más alargadas. Dependiendo de la especie vegetal, su tamaño puede variar desde 1 mm hasta 2 cm. En los árboles con corteza muy agrietada o con fisuras, se hallan en el fondo de las grietas.

Lenticelas en el tronco de un árbol

Para poder realizar la poda correctamente, es necesario conocer la fisiología de las plantas, así como los siguientes **procesos:**

Crecimiento
- Es el aumento de biomasa: más cantidad de hojas, flores y frutos, mayor altura y volumen de la copa y la raíz, así como un incremento del grosor del tronco.

Desarrollo
- Está formado por todos los procesos que ayudan a la creación de la planta y que le dan capacidades para poder fabricar su propio alimento y reproducirse; por ejemplo, la fotosíntesis o la absorción de agua por las raíces.

Senescencia
- Es la muerte de algunas células, algún órgano o de toda la planta. La fase de senescencia se caracteriza por una progresiva pérdida de floración, fructificación y formación de semillas con capacidad para germinar, así como por la ralentización del crecimiento y la falta de capacidad regenerativa. Este proceso, a veces, también es considerado como una fase del desarrollo, ya que hay ocasiones en las que esa muerte forma parte del ciclo natural de la planta; por ejemplo, cuando las hojas caen en otoño.

El crecimiento depende de unos órganos llamados **meristemos:** los primarios alargan las ramas, los troncos y las raíces, y los secundarios aumentan su grosor. Su ritmo varía según el clima y la estación.

Las plantas jóvenes crecen más rápido, requieren más podas y cuidados, mientras que las adultas crecen más lento y muestran menor capacidad de adaptación a condiciones adversas.

En la madurez, las plantas destacan por florecer, fructificar y producir semillas, aunque pierden capacidad de regeneración, sobre todo en las raíces.

La senescencia, proceso natural de envejecimiento, marca el final de los órganos o de la planta entera. En este período, los árboles pierden capacidad de adaptación y de regenerar raíces, lo que provoca ramas muertas y mayor vulnerabilidad a plagas y enfermedades. Conocer esta fase es fundamental, ya que de ella depende la respuesta a podas y heridas.

Las plantas no tienen límites claros entre fases: pueden mostrar partes viejas y nuevas al mismo tiempo.

 **RECUERDA**

La senescencia se refiere al proceso de envejecimiento en las plantas, que finalmente lleva a la muerte de ciertas células, órganos o incluso la planta entera. Aunque a menudo se asocia con el declive, la senescencia también se considera una etapa natural y crucial del desarrollo de la planta.

 ACTIVIDAD COMPLEMENTARIA

1. Analizar los siguientes enlaces y responde a la siguiente cuestión.
   En lo referente a los gases que se intercambian y el resultado de cada proceso, ¿cuáles son las diferencias fundamentales entre la fotosíntesis y la respiración vegetal?

https://redirectoronline.com/3050040202

https://redirectoronline.com/3050040203

3. Técnicas de poda

 **HILO CONDUCTOR**

Jorge identifica las yemas correctamente, evita desgarros en las ramas gruesas y elimina vástagos, todo con el fin de guiar la cicatrización y dar a cada planta la estructura deseada.

Hay que tener en cuenta una serie de **consideraciones,** de forma general, que son comunes a la hora de podar todos los tipos de plantas:

- **Brotes no deseados.** Los brotes no deseados hay que eliminarlos lo antes posible para evitar desequilibrios fisiológicos, ya que consumen mucha energía.
- **Horario.** La cicatrización en los cortes es más rápida por la mañana, por lo que es preferible podar en las primeras horas del día.
- **Cortes limpios.** Todos los cortes de poda han de ser siempre limpios, sin desgarros en la corteza. Si la zona interna de la planta queda expuesta al aire, se convierte en una vía de entrada de patógenos.
- **Yemas.** Siempre se cortará por encima de una yema y formando un ángulo de 45° aproximadamente sobre la madera o rama que cortar, para que así sea más fácil la evacuación del agua al resbalar hacia abajo.
- **Herramientas adecuadas.** Solo se deben utilizar herramientas específicas para la poda, que den cortes limpios, empleándose cada una para las tareas que han sido diseñadas.

CONSEJO

Siempre que sea posible, podar por la mañana, ya que la cicatrización en los cortes es más rápida.

3.1. Yemas

La yema de una planta es una estructura pequeña y compacta que contiene tejidos en estado de crecimiento activo. Se las conoce popularmente como

brotes, y de ellas se desarrollan nuevos órganos vegetales, como hojas, flores o ramas. Dependiendo del tipo de yema, hay cuatro **tipos:**

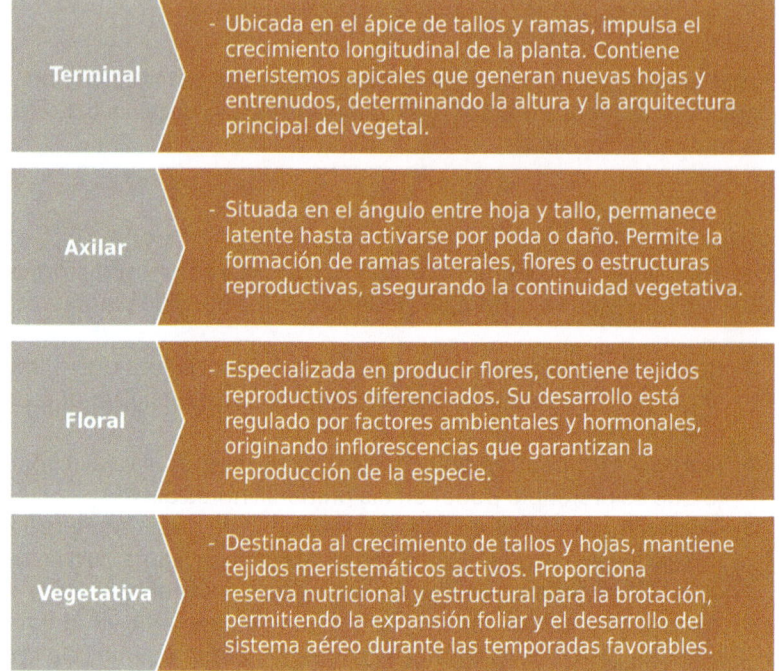

Terminal
- Ubicada en el ápice de tallos y ramas, impulsa el crecimiento longitudinal de la planta. Contiene meristemos apicales que generan nuevas hojas y entrenudos, determinando la altura y la arquitectura principal del vegetal.

Axilar
- Situada en el ángulo entre hoja y tallo, permanece latente hasta activarse por poda o daño. Permite la formación de ramas laterales, flores o estructuras reproductivas, asegurando la continuidad vegetativa.

Floral
- Especializada en producir flores, contiene tejidos reproductivos diferenciados. Su desarrollo está regulado por factores ambientales y hormonales, originando inflorescencias que garantizan la reproducción de la especie.

Vegetativa
- Destinada al crecimiento de tallos y hojas, mantiene tejidos meristemáticos activos. Proporciona reserva nutricional y estructural para la brotación, permitiendo la expansión foliar y el desarrollo del sistema aéreo durante las temporadas favorables.

Siempre hay que podar por encima de las yemas. Cuando en un mismo tallo hay dos yemas opuestas, se debe cortar de forma horizontal, mientras que si las yemas están en posición alterna, el corte se debe hacer en diagonal.

Los cortes siempre deben ser limpios y realizados lo más cerca posible de la yema, aunque sin dañarla. Si el corte se da muy lejos de la yema, el trozo de rama que queda entre esta y el corte puede enfermar y pudrirse, lo cual creará enfermedades y será un foco de atracción para insectos, hongos y otros patógenos.

Las yemas opuestas, una vez que se ha cortado la rama donde se sitúan, crecerán al mismo tiempo y cada una en su dirección. Si se pretende que la rama solo crezca hacia un lado, se puede quitar la yema que no se desea.

Cuando la rama tiene yemas alternas, hay que cortar siempre por encima de una yema que vaya a desarrollarse en la dirección adecuada a la que se pretenda. Así, si se escogen las yemas según la dirección que vayan a tener, se podrá formar el arbusto de la forma deseada.

IMPORTANTE

Es muy importante que los cortes que se den sean limpios, sin desgarros; de esta manera, el nuevo tejido o callo rápidamente irá cubriendo la superficie de corte, reduciéndose esta y cerrando la herida del corte.

- -

Las herramientas deben ser las adecuadas, diseñadas y fabricadas para la poda. No emplear serruchos de carpintería o tijeras para metales, ni cuchillos de cocina, etc. Siempre estarán limpias y afiladas, debiendo ser desinfectadas después de cada uso para evitar el contagio de plagas y /o enfermedades.

RECUERDA

Hay que cortar siempre por encima de las yemas. Si son opuestas, el corte debe ser horizontal, y si son alternas, en diagonal.

- -

3.2. Ramas

Como norma general, se debe evitar cortar ramas de gran grosor, ya que la herida tardará más tiempo en cicatrizar al ser mayor la superficie de la herida. Los cortes grandes, además, están expuestos durante más tiempo al aire libre, por lo que la posibilidad del ataque de patógenos es mayor. También la pérdida de savia es mayor cuanto más grande es el corte, por lo que la planta se debilita más que si el corte fuese pequeño.

En un vivero, cuando se podan los árboles y los arbustos, los cortes de las ramas deben ser lo más pequeños posibles. Los que cicatrizan mejor son los de un diámetro inferior a 8 cm.

La principal diferencia entre podar árboles y arbustos es que durante los primeros años los árboles se podan para que desarrollen un tronco bien definido y una copa con la misma proporción en cuanto a tamaño y masa foliar.

Para cortar las ramas de pequeño diámetro, hay que dar el corte entre 0,5 y 1 cm por encima de las yemas. Si se realiza el corte muy cerca, esta podría resultar dañada e incluso secarse. Si se hace un corte a una mayor distancia, se dejará lo que se conoce como tocón, que es un trozo de madera que con el tiempo se secará y provocará daños estéticos, además de convertirse en un foco de entrada de insectos, hongos, etc.

El corte siempre se debe realizar en bisel, con un ángulo de inclinación de 45 °C hacia el lado contrario a la yema. Cuando las yemas son opuestas, el corte se hace recto, sobre las yemas.

Para cortar ramas gruesas, con un diámetro superior a 5 cm, hay que hacerlo dejando lo que se conoce como **tirasavia o sacasavia.** Consiste en dejar antes del corte una o varias ramas que aseguren el flujo de savia. Para llevar a cabo esta técnica con éxito, la rama que se deja debe tener aproximadamente un tercio del diámetro de la rama principal.

 IMPORTANTE

Mediante la rama del tirasavias, estratégicamente situada, se mantiene el flujo de los líquidos internos de la planta, evitando así la muerte de sus tejidos y la pudrición. Además, proporciona los nutrientes necesarios para que se cierre eficazmente la herida, promoviendo una curación sana y una estructura más fuerte y duradera.

Cuando se quiere cortar totalmente una rama, para evitar el crecimiento en esa zona de la planta o árbol, el corte se debe hacer muy cercano al tronco o a la rama sobre la que se sitúe, pero no se debe hacer a ras. La mayor parte de los árboles y los arbustos tienen una zona ensanchada en la unión entre la rama y el tronco. Esa zona, que se conoce como **cuello,** debe permanecer en el árbol una vez que se ha cortado la rama no deseada.

Si se corta, la herida cicatrizará mucho más tarde e igualmente si se deja un tocón (trozo de madera entre el cuello y el corte) es muy probable que se convierta en una vía de entrada de enfermedades. Es muy habitual que en cortes mal realizados aparezcan hongos, que al fructificar dan lugar a setas, que debilitan y pudren la madera. Además, cuando se corta, es muy habitual que aparezcan nuevas ramillas. Son brotes muy vigorosos que quitan vitalidad a la planta.

 EJEMPLO

Hay algunas especies que tienen un cuello muy desarrollado, como el eucalipto o el álamo; otras muy poco, como los arces, y algunas que apenas lo tienen, como la mayoría de las coníferas: cedros, pinos, etc.

Cuando se necesita cortar una rama de gran calibre, superior a 8 cm de diámetro, y sobre todo si tiene mucha masa foliar, no se debe realizar el corte de una sola vez, sino que hay que hacerlo mediante una técnica consistente en dar tres cortes, ya que es muy probable que quiebre la rama si se hace con un solo corte. La manera correcta de hacerlo es:

> **Cortar por la parte inferior**
> - Dar un primer corte por la parte inferior de la rama, que sea de una profundidad aproximada de entre un cuarto y un tercio de espesor, y a una distancia de entre 30 y 40 cm de la base de la unión con el tronco.

> **Cortar por la parte superior**
> - Dar un corte en la parte superior de la rama, más alejado del tronco que el primer corte. Ha de realizarse hasta que la rama quiebre y caiga por su peso.

> **Cortar cerca del cuello**
> - Finalmente, se corta la rama cerca del cuello.

RECUERDA

Los cortes de las ramas deben ser lo más pequeños posible. Los que cicatrizan mejor son los de un diámetro inferior a 8 cm.

Todos los tocones secos y las ramas astilladas o desgarradas deben ser cortadas, pero dejando siempre una zona de madera viva, a partir de la cual se desarrollará un anillo de cicatrización que cubrirá la zona muerta.

3.3. Vástagos

Los **vástagos,** conocidos popularmente como **chupones,** no pertenecen a la estructura de la planta y se caracterizan por estar insertados muy débilmente en ella, por lo que se desprenden con gran facilidad. También tienen durante mucho tiempo la corteza con un aspecto más joven que la del tronco donde se insertan.

Los chupones deben ser cortados, y especialmente los que se insertan en la base del tronco, ya que son muy vigorosos y consumen mucha energía. Además, estéticamente, afean el árbol o el arbusto sobre el que se sitúan. Como norma general de la poda, todos los vástagos deben ser eliminados por los siguientes motivos:

- ⮕ **Competencia por recursos.** Los chupones crecen rápidamente y consumen una gran cantidad de nutrientes, agua y energía de la planta, lo que debilita el crecimiento de las partes deseadas (como el tronco principal, las ramas productivas o el injerto), afectando a la calidad y el vigor de la planta para su comercialización.
- ⮕ **Alteración de la estructura deseada.** En plantas ornamentales y silvícolas, los chupones pueden modificar la forma o la estructura planificada (como un tronco recto o una copa equilibrada), reduciendo su valor estético o funcional. Por ejemplo, en árboles ornamentales se busca un tronco bien definido, mientras que en silvicultura se prioriza una estructura que maximice la producción de madera.
- ⮕ **Dominancia en plantas injertadas.** En plantas hortícolas o frutales injertados (como rosales o cítricos), los chupones que brotan del portainjerto pueden superar al injerto, comprometiendo las características deseadas (como la variedad específica o la resistencia a enfermedades) y haciendo que la planta no cumpla con los estándares comerciales.
- ⮕ **Aumento del riesgo de enfermedades y plagas.** Los chupones, al estar débilmente insertados y tener una corteza más joven, son propensos a convertirse en puntos de entrada para patógenos (hongos, bacterias) e insectos, lo que puede comprometer la salud general de la planta y su aptitud para la venta.
- ⮕ **Impacto estético.** En plantas ornamentales, los chupones afean la apariencia, lo que reduce su atractivo comercial. Los clientes buscan plantas con una forma limpia y definida, y los chupones desvirtúan este objetivo.
- ⮕ **Facilitación del manejo y el transporte.** Los chupones dificultan el manejo en el vivero (poda, trasplante, empaquetado) y el transporte al destino final, ya que pueden enredarse o romperse, causando daños a la planta o a otras en el lote.
- ⮕ **Control del crecimiento no deseado.** Los chupones pueden generar ramas o brotes indeseados que alteren el propósito de la planta. Por

ejemplo, en silvicultura, los chupones en la base del tronco pueden reducir la calidad de la madera al crear nudos o desviaciones en el tronco principal.

- **Optimización del desarrollo de la planta.** Eliminar chupones permite redirigir la energía de la planta hacia el desarrollo de las partes comerciales (frutos en hortícolas, follaje o forma en ornamentales, o tronco en silvícolas), mejorando la calidad del producto final.
- **Cumplimiento de estándares comerciales.** Los viveros deben garantizar que las plantas cumplan con las expectativas del mercado (tamaño, forma, salud). Los chupones pueden hacer que las plantas no cumplan con estos estándares, reduciendo su valor de mercado.

Solo en algunas ocasiones los chupones pueden tener alguna utilidad, por ejemplo, si se quiere que el follaje sea muy denso y tupido, o para darle a la planta formas geométricas concretas.

Vástago (de color verde más claro) creciendo en la base del tronco de un rosal

3.4. Estructura vegetal

La estructura vegetal constituye el esqueleto de la planta, proporcionando el soporte necesario para sostener las hojas, las flores y los frutos en posiciones óptimas para captar luz solar, realizar intercambios gaseosos y reproducirse. Esta arquitectura no es aleatoria; responde tanto a factores internos, como la genética de la especie, como a factores externos, como la luz, el viento y la disponibilidad de espacio. Una estructura vegetal bien desarrollada también facilita el transporte eficiente de agua, nutrientes y azúcares entre las diferentes partes de la planta.

En términos generales, la estructura vegetal se refiere a la organización y la disposición de sus órganos principales: raíz, tallo (o tronco en el caso de árboles y arbustos) y hojas, así como de sus ramificaciones.

Esta organización determina la forma general de la planta, su equilibrio y su capacidad para resistir las fuerzas externas. La raíz ancla la planta al suelo y absorbe agua y minerales, el tallo o tronco actúa como eje principal de soporte y vía de transporte, y las ramas y ramificaciones distribuyen el follaje y permiten una mayor captación de luz.

Una estructura equilibrada es fundamental para evitar zonas que puedan romperse por su propio peso, debido a la carga de frutos, o las condiciones climáticas adversas.

Al intervenir en la estructura vegetal, es necesario conocer las técnicas adecuadas de corte, respetar las zonas de crecimiento natural (como los cuellos de las ramas) y realizar cortes limpios y precisos para favorecer una rápida cicatrización y evitar la entrada de patógenos.

En el caso concreto de los árboles, es muy importante que se mantenga su estructura. Se debe crear a base de ramas principales gruesas para que ejerzan la función de soporte y sobre las que se sitúen las ramas secundarias. La estructura de los árboles es muy importante, ya que realiza las mismas funciones que el esqueleto en el cuerpo humano.

Cada árbol tiene una estructura concreta; por ejemplo, los olmos tienen una copa amplia y esférica, mientras que los álamos la tienen estrecha y alargada. Esta estructura concreta se da tanto en el tronco como en el ramaje. La **estructura del tronco** puede ser:

⊃ **Recto.** Llega hasta la yema terminal. Esta es la estructura más clásica que imaginamos cuando pensamos en un árbol. Se caracteriza por un único tronco principal que se eleva de forma más o menos recta y continua desde el suelo hasta la parte superior de la copa, terminando en la yema apical o terminal. Las ramas laterales brotan de este tronco central, pero ninguna de ellas compite en dominancia con el eje principal. Árboles como el cedro, el abeto y el chopo (también conocido como álamo) son ejemplos perfectos de esta arquitectura. Esta estructura confiere al árbol una silueta columnar o piramidal y una gran estabilidad vertical. Son ideales para la producción de madera, ya que generan troncos largos y rectos. En el paisajismo, se usan a menudo para crear avenidas majestuosas, barreras visuales o como puntos focales altos, donde se busca una presencia imponente y ordenada. La poda en estos árboles a menudo se centra en mantener la dominancia del tronco central y eliminar ramas que puedan competir con él.

➲ **Dividido a cierta altura.** A cierta altura se divide en varias ramas. En este tipo de estructura, el árbol comienza con un tronco principal bien definido que se eleva desde el suelo, pero a una altura determinada (que puede variar significativamente según la especie y la poda), este tronco se ramifica en varios ejes principales. Estos ejes secundarios forman la estructura básica de la copa, dándole una forma más abierta y a menudo más ancha que alta. El arce, la morera y el olmo son claros ejemplos de esta configuración. Esta estructura es muy común en árboles de sombra, ya que la división del tronco permite una mayor extensión de la copa y, por ende, una mayor cobertura de sombra. También son valorados por su atractivo estético, ya que sus ramas crean siluetas intrincadas y agradables a la vista. La poda en estos árboles busca equilibrar el crecimiento de las ramas principales para formar una copa armoniosa y fuerte, evitando que ninguna rama se vuelva demasiado dominante o débil. A menudo, se busca eliminar ramas que crucen o rocen para prevenir daños futuros.

➲ **Dividido desde el suelo.** Esta estructura se asemeja más a un arbusto grande o a un árbol de múltiples tallos. En lugar de un único tronco central, el árbol presenta varios troncos o tallos que emergen directamente del nivel del suelo o muy cerca de él. Estos troncos pueden crecer de forma más o menos vertical o inclinada, formando una masa arbórea densa desde la base. El madroño, el aligustre y el laurel son ejemplos típicos de árboles o arbustos que pueden adoptar esta forma multitronco. Esta estructura es ideal para crear setos densos, pantallas de privacidad o para usar como elementos ornamentales en jardines donde se busca volumen y una presencia más natural o menos formal. Son excelentes para la biodiversidad, ofreciendo refugio a la fauna. La poda en estos casos a menudo se centra en el raleo de los tallos más viejos o débiles para fomentar el crecimiento de nuevos tallos vigorosos, o en la formación para mantener la densidad y la forma deseadas, especialmente en el caso de los setos.

Además de la configuración del tronco, la estructura del ramaje es otro factor fundamental que define la apariencia y la función de un árbol. Si bien el tronco establece la base, las ramas son las que modelan la copa, influyendo en la sombra que proyecta, su resistencia al viento o su atractivo ornamental. La forma en que las ramas se desarrollan y distribuyen da lugar a una fascinante diversidad de siluetas, cada una con sus propias características. La **estructura del ramaje** puede ser:

➲ **Estructura expandida o esférica.** Esta forma es una de las más comunes y se caracteriza por una copa que se extiende tanto a lo ancho como a lo alto de manera relativamente uniforme, creando una silueta redondeada o ligeramente ovalada. Los árboles con este tipo de ramaje suelen ofrecer una amplia sombra y una sensación de plenitud. Es una estructura natural en muchas especies, y también se puede potenciar con una poda de formación adecuada para conseguir una copa densa y equilibrada. Imagina un olmo majestuoso o un roble centenario; ambos son excelentes ejemplos de esta estructura. Son ideales para parques, grandes jardines o avenidas donde se busca proporcionar sombra y un impacto visual robusto. El roble y el olmo son ejemplos de este tipo de estructura.

- **Estructura ascendente o fusiforme.** En este tipo de ramaje, las ramas se dirigen predominantemente hacia arriba, formando una copa más estrecha y alargada, similar a una aguja o una llama. Las ramas suelen ser más cortas en la parte inferior y se van alargando hacia la cima. Esta forma es típica de algunos árboles que buscan maximizar la exposición a la luz en espacios reducidos o que tienen un patrón de crecimiento columnar natural. Piensa en el elegante álamo o el ciprés: su estructura esbelta los hace perfectos para crear pantallas visuales, marcar caminos estrechos o como elementos verticales destacados en un diseño paisajístico. El álamo negro y el ciprés mediterráneo tienen este tipo de estructura.

- **Estructura escalar o piramidal.** Como su nombre indica, esta estructura se asemeja a una pirámide o un cono, con una base ancha que se estrecha gradualmente hacia la cima. Las ramas inferiores son las más largas y se van acortando progresivamente a medida que ascienden por el tronco. Este tipo de ramaje es muy característico de muchas coníferas, como los abetos o algunos tipos de pinos. Es una forma que a menudo sugiere solidez y estabilidad. Son muy utilizados en jardinería para crear puntos focales, setos altos o como árboles navideños. Su forma cónica les permite resistir bien las acumulaciones de nieve y los vientos. Los abetos y los pinos negros tienen una estructura piramidal.

- **Estructura tortuosa o irregular.** Esta es una de las formas más únicas y artísticas en el ramaje de los árboles. Se caracteriza por ramas que crecen de manera caprichosa, retorcida y asimétrica, sin seguir un patrón geométrico definido. Cada árbol con esta estructura es casi una obra de arte natural. Suelen ser árboles que crecen en las condiciones más desafiantes o que tienen una genética que promueve este tipo de crecimiento. Un ejemplo claro podría ser el olivo milenario con sus ramas nudosas y retorcidas, o el pino de montaña que se adapta a vientos fuertes. Esta estructura se valora por su singularidad y su valor ornamental, añadiendo carácter y dramatismo a cualquier paisaje. Como ejemplo de esta estructura, están el olivo y el alcornoque.

- **Estructura colgante.** En esta configuración, las ramas principales crecen hacia afuera y luego sus ramificaciones secundarias, y a veces las hojas, caen de manera natural hacia abajo, creando un efecto de cascada o cortina. No deben confundirse con la estructura llorona, ya que en la colgante la caída es más suave y menos pronunciada. Esta característica puede ser natural en algunas especies o el resultado de una poda específica para realzar esta cualidad. Aportan una sensación de fluidez y gracia al paisaje. Es menos común que otras formas, pero muy apreciada por su estética particular. La catalpa y la sófora japónica tienen una estructura colgante.

- **Estructura pendular o llorona.** Esta es una forma de ramaje muy distintiva y fácilmente reconocible. Las ramas principales, y a menudo el tronco mismo en su parte superior, se arquean y se dirigen drásticamente hacia el suelo, creando una apariencia que evoca un llanto o una caída pronunciada. Es una característica genética en muchas variedades de árboles, como el famoso sauce llorón o algunas variedades de cerezo. Estos árboles suelen ser puntos focales espectaculares en jardines, a menudo plantados cerca de cuerpos de agua para reflejar su elegante silueta. Su forma dramática y a menudo melancólica los hace muy populares en el diseño paisajístico ornamental. Los más conocidos son los sauces y algunas especies de abedules.

- **Estructura recogida u ovoidal.** Similar a la estructura esférica, pero con una tendencia a ser más compacta y elíptica o en forma de huevo, con la parte más ancha en el centro y estrechándose ligeramente hacia la parte superior e inferior. Las ramas suelen estar más densamente agrupadas y la copa es menos dispersa que en la estructura expandida. Esta forma es común en árboles que se mantienen en espacios más limitados o que son podados para mantener una silueta más controlada y ordenada. Algunos tipos de tilos o aceros pueden presentar esta forma, que a menudo se busca en el paisajismo urbano por su orden y menor invasión del espacio. El tilo y el arce tienen este tipo de estructura.

Árbol con estructura pendular o llorona (sauce llorón)

Además de esos tipos de estructuras que son naturales en cada especie, se pueden crear otras estructuras artificiales, por ejemplo, dando forma de rectángulo o de cilindro.

3.5. Cicatrización de heridas y cortes

Todo corte que se realiza en una planta genera una **herida de poda,** la cual conlleva la pérdida de tejido vegetal y la exposición de capas internas vulnerables a factores bióticos (hongos, bacterias, insectos) y abióticos (radiación solar, viento, temperaturas extremas). Entender cómo se produce la cicatrización de estas heridas y cómo facilitar su curación es necesario para mantener la salud general de las plantas.

Por tanto, las **heridas de poda** son lesiones en la estructura de la planta producidas al eliminar ramas, tallos o raíces. Estos cortes presentan varios **problemas:**

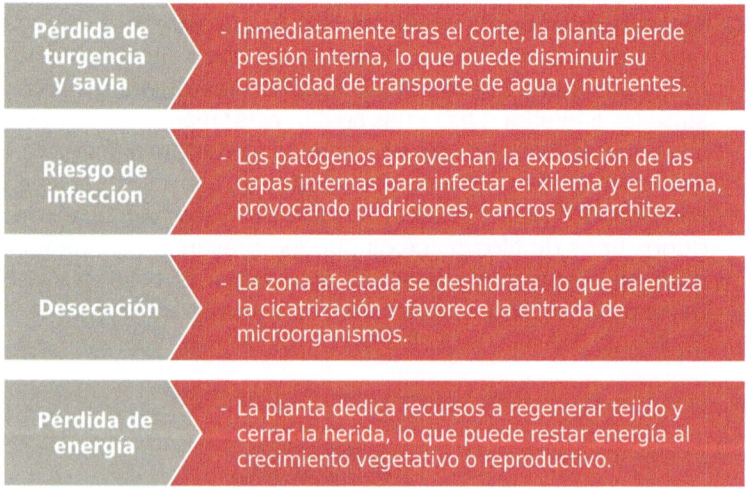

La **cicatrización** es el proceso por el cual la planta **repara el tejido dañado,** sellando la herida y restableciendo, en la medida de lo posible, la protección frente a agentes externos. A diferencia de los animales, donde se forma tejido de granulación y posteriormente cicatriz, las plantas desarrollan un callo de cierre (tejido de parénquima) que cubre el área expuesta. Este proceso consta de cuatro **fases:**

⊃ **Coagulación y sellado inicial.** En esta primera etapa, la planta reacciona inmediatamente al daño producido. Comienza a liberar sustancias químicas espesas llamadas sustancias tánicas (que son compuestos que ayudan a endurecer los tejidos) y resinas (líquidos pegajosos) que actúan como un tapón natural. Estas sustancias tapan parcialmente la herida, creando una barrera temporal que evita la entrada de microorganismos dañinos y la pérdida excesiva de savia. Es como si la planta aplicara un vendaje de emergencia para contener la hemorragia vegetal.

- **División celular intensiva.** Durante esta fase, la planta activa sus mecanismos de reparación más avanzados. Las células madre vegetales, llamadas células meristemáticas (que son células jóvenes capaces de dividirse y transformarse en otros tipos de tejidos), cercanas a la herida comienzan a multiplicarse rápidamente. Esta proliferación celular intensiva genera un tejido nuevo llamado callo, que es una especie de cicatriz vegetal blanda y esponjosa. Este tejido de callo sirve como una plataforma para la reconstrucción completa de la zona dañada.

- **Diferenciación celular.** Una vez que se ha formado suficiente tejido de callo, las nuevas células comienzan a especializarse para cumplir funciones específicas. Este proceso se llama diferenciación celular, y es similar a cuando los estudiantes aprenden diferentes profesiones después de terminar la escuela. Algunas células se convierten en conductos para transportar agua y nutrientes, otras forman tejidos protectores y algunas se especializan en almacenar reservas nutritivas. Esta especialización permite que el tejido reconstruido recupere las funciones que tenía el tejido original dañado.

- **Cierre y suberización.** En la fase final, el tejido recién formado se fortalece y madura para ofrecer una protección duradera. Las células comienzan a depositar dos sustancias importantes: suberina (una cera natural que impermeabiliza) y lignina (un compuesto que endurece las paredes celulares). Este proceso se llama suberización, y hace que el callo se vuelva más duro, resistente y a prueba de agua. El resultado es una barrera protectora sólida que sella completamente la herida original, restaurando la capacidad de la planta para defenderse de enfermedades y pérdidas de humedad, similar a una costra que protege una herida en la piel.

Cada grupo vegetal realiza una serie de adaptaciones únicas y, dependiendo del tipo de planta, la cicatrización se realiza con una serie de características específicas asociadas a su fisiología, su estructura celular y el ritmo metabólico, como son:

- **Herbáceas ornamentales.** Tienen tejidos blandos, con un crecimiento rápido y un metabolismo muy activo. Debido a su alta tasa de división celular, suelen cerrar las heridas en pocos días o semanas. La herida permanece blanda y, con frecuencia, presenta un tono verdoso o blanquecino hasta la completa suberización. Hay que evitar podas muy frecuentes en tallos jóvenes, ya que un exceso de heridas puede agotar la energía vegetal y retrasar el crecimiento.

- **Plantas leñosas (árboles y arbustos).** Sus tejidos están lignificados (endurecidos), tienen un crecimiento estacional más lento y crean anillos de crecimiento. El cierre de la herida puede tardar varios meses o años, dependiendo del tamaño del corte y la especie. Se forma una cicatriz lentamente y la suberización se da de forma gradual durante las estaciones de crecimiento. En algunas especies, los cortes grandes nunca llegan a cicatrizar completamente, quedando cicatrices visibles. Es necesario realizar cortes limpios y rasantes, evitando desgarres. Poda en épocas de menor actividad (finales del invierno o principios de la primavera) para aprovechar la reactivación de la savia y acelerar la cicatrización.

⊃ **Cultivos hortícolas.** Suelen ser plantas herbáceas anuales o semileñosas con estructuras frágiles. La cicatrización es muy parecida a las herbáceas ornamentales. Un exceso de humedad favorece infecciones si las heridas no cierran con rapidez. Se debe mantener buena ventilación y evitar el exceso de riego tras la poda. En cultivos en invernadero, hay que vigilar la temperatura para no enfriar las heridas.

Para favorecer la cicatrización y la cura de las heridas de poda se deben seguir una serie de prácticas, basadas en tres pilares: precisión técnica, época de realización y manejo posterior. Son las siguientes:

Cortes limpios y precisos
- Utilizar herramientas bien afiladas y desinfectadas (alcohol o solución de hipoclorito) para evitar desgarros y la introducción de patógenos.

Época adecuada de poda
- Planificar la poda en función del ciclo de la planta. En especies leñosas, hacerlo cuando la savia comienza a fluir, minimizando el estrés. En herbáceas, evitar días de lluvia o alta humedad.

Control de enfermedades
- Monitorear las plantas tras la poda. Aplicar tratamientos preventivos (fungicidas foliares) si se detectan hongos oportunistas.

Nutrición adecuada
- Asegurar un aporte de nutrientes balanceados (especialmente nitrógeno y fósforo) para mantener un vigor óptimo que favorezca la regeneración celular.

Mantenimiento del riego
- Evitar tanto el exceso como la falta de agua. Unas condiciones moderadas facilitan el transporte de nutrientes y la actividad metabólica en la zona de cicatrización.

NOTA

Hasta hace unos años se aplicaba una pasta específicamente desarrollada para aplicar en los cortes de poda. Hoy en día, aunque en ocasiones se sigue empleando, su uso no está recomendado, ya que se ha descubierto que causa más problemas que beneficios.

---

4. Tipos de poda

 HILO CONDUCTOR

Jorge cultiva en su vivero todo tipo de especies vegetales, hortícolas, ornamentales, forestales y frutales. Dependiendo del destino de las plantas, aplica técnicas diferentes y realiza podas de formación, mantenimiento, fructificación, rejuvenecimiento o podas especiales.

La poda se puede clasificar de varias maneras, atendiendo a distintos criterios. En ocasiones, hay grandes diferencias entre la que se realiza en hortícolas, ornamentales, forestales y frutales.

Algunas plantas de las que se cultivan en viveros, dependiendo del uso que tendrán en un futuro, se podan de forma distinta, aunque sean de la misma especie.

A continuación se verán los diferentes tipos de poda según distintos criterios y grupos.

4.1. Hortícolas

Con este grupo de plantas, la poda se clasifica según dos criterios clave: el objetivo (formación inicial o producción de frutos) y las partes eliminadas (hojas, flores, frutos o brotes). Cada técnica busca optimizar el equilibrio vegetativo y la calidad de la cosecha. Los **tipos de poda en hortícolas** son:

⊃ **Según el objetivo.** Se distinguen dos clases de poda bien diferenciadas:

○ **Poda de formación:** este tipo de poda orienta la estructura de la planta desde sus primeras fases de crecimiento, incluso en fase de plántula, eligiendo los ejemplares más fuertes y adecuados para su posterior desarrollo.

○ **Poda de fructificación:** también conocida como poda de producción, su finalidad es regular la producción de la parte aprovechable de la planta, como frutos, hojas o raíces, además de mantener el equilibrio entre las raíces y la parte aérea.

⊃ **Según las partes eliminadas.** En este tipo de plantas se podan, a lo largo de su ciclo de vida, todas sus partes; por eso hablamos de:

○ **Poda de hojas:** también llamada deshojado, consiste en ajustar la cantidad de hojas, eliminando las que estén dañadas, enfermas o impidan el paso de la luz, para lograr un equilibrio vegetativo óptimo. Por ejemplo, este método se utiliza con frecuencia en la tomatera, donde se retiran las hojas inferiores viejas y las afectadas por enfermedades.

○ **Aclareo de flores:** el aclareo floral controla el número de flores para evitar un exceso de frutos pequeños y de baja calidad. En el caso del calabacín, eliminar algunas flores ayuda a obtener frutos de mayor tamaño y mejor desarrollo.

○ **Aclareo de frutos:** esta técnica implica retirar los frutos que presentan deformaciones o daños, dejando únicamente aquellos con mejor potencial de desarrollo. Por ejemplo, en el manzano, se eliminan los frutos más pequeños o dañados para conseguir una cosecha de mayor calidad.

○ **Pinzamiento:** también conocido como despunte, consiste en cortar las yemas terminales para fomentar la ramificación y controlar el porte de la planta. En plantas ornamentales como la fucsia, el pinzamiento promueve un crecimiento más compacto y una mayor presencia de flores.

○ **Destallado:** el destallado elimina los brotes laterales jóvenes para favorecer el desarrollo del tallo principal. Esta práctica es común en el cultivo del tomate, donde se retiran los llamados chupones que crecen en las axilas entre el tallo y las ramas secundarias.

4.2. Ornamentales

En este grupo de vegetales, la poda se clasifica por dos criterios: por el objetivo que conseguir y por el tipo de planta y su destino ornamental; por ejemplo, si se usará como árbol o como arbusto cultivado por sus flores, como arbusto para formar parte de un seto, como una planta para trepar por una pared, etc.

➲ **Según el objetivo.** Se distinguen cuatro clases de poda bien diferenciadas:

➲ **Poda de formación:** tiene como objetivo formar homogéneamente la copa y conseguir que la planta no crezca desequilibrada. Lo que se pretende es que se desarrolle el tronco principal, de manera que se cree una estructura fuerte, con un ramaje bien distribuido. Hay ocasiones en que la poda de formación se utiliza para crear formas geométricas o especiales, como, por ejemplo, una espiral o un rectángulo. Este tipo de poda se lleva a cabo en los primeros años de crecimiento.

➲ **Poda de mantenimiento:** se lleva a cabo mediante la ejecución de labores como la eliminación de ramaje débil o atacado por enfermedades o plagas; la retirada de las ramas que tengan un crecimiento no deseado, y la poda de frutos secos, flores marchitas, chupones y brotes indeseados. Llevando a cabo estas tareas se ve favorecido el desarrollo y se conserva la estructura que se desea tener. Se puede realizar durante cualquier época, siempre y cuando se sigan las normas básicas para llevar a cabo la poda.

➲ **Poda de rejuvenecimiento:** se ejecuta sobre plantas maduras, viejas o que presentan síntomas de estar muy atacadas por una plaga o enfermedad. Se trata de una poda muy severa, que incluso a veces puede causar la muerte de la planta, por lo que hay que llevarla a cabo solo en casos excepcionales y como último recurso. Es preferible ejecutarla a finales de invierno, realizando cortes en las ramas de la estructura, tanto primaria como secundaria, según interese. Si se hace bien, y la temperatura, la humedad y el resto de las tareas culturales son las adecuadas, las yemas de los tallos brotarán con vigor y se podrá crear una nueva estructura. Con este tipo de actuaciones se favorece el desarrollo de las plantas, conservando la estructura deseada. También puede realizarse en otras épocas del año siempre y cuando se sigan las normas básicas de poda.

➲ **Podas especiales:** consisten en llevar a cabo distintos cortes con el objetivo de conseguir una figura determinada, de manera que la planta adquiera una forma que no es la habitual en la naturaleza. Se pueden obtener formas geométricas, de conos, triángulos, elipses, esferas perfectas, etc., llevando a cabo podas continuas y ayudándose de otros elementos como alambres, cuerdas o estructuras metálicas que servirán de estructura. Para este tipo de podas o topiarias, se usan herramientas como la tijera de una mano, para dar cortes pequeños, o una cortasetos a motor. Solo algunas especies vegetales son adecuadas para este tipo de podas, ya que influye la mayor o menor densidad del follaje y, sobre todo, la capacidad de poder modificar el porte natural. Algunas de las más usadas son el ciprés, el acebo, el boj, el evónimo, el laurel, el mirto, el romero, el pitosporo, el tejo y el teucrio, y la mayoría de las trepadoras, entre las que destacan la madreselva y la hiedra.

➲ **Según el tipo de planta y el destino ornamental.** Existen plantas de la misma especie que pueden recibir diferentes tipos de poda dependiendo de su uso, ya sea agrícola u ornamental. Por ejemplo, un olivo puede podarse para maximizar su producción de aceitunas o para realzar su valor estético en un jardín.

  ◑ **Árboles:** la poda de árboles varía mucho según su propósito, que puede ser ornamental, productivo o de conservación. En la poda ornamental, el objetivo principal es mantener la forma estética, preservar la estructura natural y asegurar la salud de la planta. Esto implica eliminar ramas secas, enfermas o mal ubicadas para mantener un equilibrio armónico y seguro. A diferencia de la poda en árboles frutales o forestales, suele ser menos agresiva y más esporádica para no desequilibrar la copa. Se distinguen tres tipos de poda en árboles ornamentales:

    ⇟ **Poda de formación:** realizada en los primeros años para establecer una estructura fuerte y equilibrada, definiendo la silueta que tendrá el árbol adulto.
    ⇟ **Poda de mantenimiento:** consiste en eliminar ramas muertas, dañadas o que obstaculicen, por ejemplo, el paso peatonal o alguna infraestructura.
    ⇟ **Poda estética:** recortes suaves para moldear la copa y mantener la armonía visual, fomentando la densidad foliar sin alterar demasiado la silueta natural.

Es importante evitar podas drásticas que puedan debilitar el árbol o fomentar infecciones. Por ejemplo, especies como el jacarandá se benefician de podas cuidadosas para resaltar su floración y su porte elegante.

  ◑ **Arbustos:** los arbustos generalmente necesitan podas ligeras para mantener su forma, salvo si la intención es estimular la floración o la fructificación, que entonces requieren podas más frecuentes y severas. A través de la poda se puede dar forma geométrica, potenciar el color de flores o frutos, o aumentar la intensidad aromática. El valor ornamental de arbustos como las hortensias o la gardenia depende en gran medida de su forma y un follaje sano. Por tanto, la poda correcta contribuye a obtener flores más grandes y de colores más vivos. La poda habitual consiste en cortar chupones, eliminar flores marchitas y ramas dañadas o enfermas. Se recomienda podar después de la floración si esta sucede en ramas viejas o tras el riesgo de heladas si las flores aparecen en brotes nuevos.

◊ **Setos:** las plantas para setos que se cultivan en viveros y centros de jardinería reciben distintos tipos de poda, dependiendo de la función que vayan a desempeñar. Debe adecuarse al mantenimiento que la planta tendrá posteriormente, por ejemplo, por un jardinero. En el caso de las zonas verdes, los setos no se podan planta por planta, sino como conjunto, utilizando herramientas específicas como tijeras o máquinas cortasetos. Los setos formales, hechos con especies como el mirto, el ligustrum, el boj o el ciprés, se caracterizan por su forma geométrica y mantenimiento constante. Se emplean para delimitar áreas o para ocultar elementos poco decorativos, como depósitos de agua o estructuras. Al plantar setos con ejemplares jóvenes, es recomendable dejarlos crecer libremente —quitando solo chupones o ramas desiguales— hasta que alcancen el tamaño suficiente. Al llegar aproximadamente a un metro de altura, se realiza un primer corte de unos 5 a 10 cm en altura para fomentar un engrosamiento uniforme. El mantenimiento requiere al menos dos recortes anuales: uno en primavera para controlar el crecimiento y otro antes de la brotación en otoño. En lugares con clima mediterráneo, especies como el ligustrum pueden necesitar hasta cuatro podas anuales si se busca un acabado perfecto. Existen también setos informales o libres, formados por especies como los rosales, los granados o las adelfas, que se dejan crecer para decorar con su floración y requieren un mantenimiento menos riguroso, con solo una o dos podas al año.

◊ **Palmeras:** las palmeras se podan tanto por razones estéticas como de seguridad. Las hojas secas generan una mala imagen y, si caen, pueden causar daños a personas u otras plantas. Además, las zonas muertas facilitan la invasión de hongos e insectos. La mayoría de palmeras cultivadas, como el caso de la palmera washingtonia, requieren una poda anual o bienal. En climas cálidos, la poda puede realizarse casi en cualquier época, siempre que no haya riesgo de heladas o temperaturas extremas. En lugares con inviernos fríos, es mejor podar tras la última helada, ya que las hojas muertas protegen la planta del frío y los cortes cicatrizan mejor. Se deben eliminar la hojas secas, rotas o dañadas, cortando solo las hojas verdes indispensables. El crecimiento puede enlentecerse si se eliminan demasiadas hojas vivas, por afectar a la fotosíntesis. Al trasplantar, sí se corta parte del follaje para equilibrar la copa con las raíces. También es recomendable podar los frutos, como los dátiles, que consumen mucha energía y al caer ensucian el suelo, dificultando el tránsito en paseos públicos. La poda de formación busca un crecimiento uniforme y un tronco fuerte, y a veces permite crear formas especiales, como espirales o rectángulos. Esta técnica se aplica especialmente en los primeros años.

◖ **Trepadoras:** estas plantas se podan para darle forma, mejorar la floración, controlar el crecimiento excesivo o rejuvenecer la planta. Una vez establecidas en su lugar definitivo, se aplican podas de formación como:

   ⇕ **Abanico:** se eliminan ramas que no crezcan paralelas a la pared y se colocan las ramas restantes en enrejados, formando un abanico abierto.

   ⇕ **Espaldera:** se guían las ramas para formar dos troncos principales divididos, de donde surgen ramas secundarias apoyadas en estructuras metálicas o alambres. Este tipo de poda beneficia a plantas como la glicinia o la buganvilla, que pueden alcanzar gran desarrollo y floración si se les proporciona soporte adecuado y poda correcta.

◖ **Herbáceas y vivaces:** estas plantas, no leñosas o semileñosas, requieren podas adaptadas a su ciclo vegetativo y el tipo de brotación. Generalmente, al final de la temporada de crecimiento se eliminan las partes aéreas secas o deterioradas para promover un rebrote saludable. En primavera, muchas vivaces necesitan poda para retirar hojas y tallos afectados por el invierno, mejorando la entrada de luz y aire. Plantas de floración estival como la lavanda pueden recibir podas de despunte para prolongar y densificar la floración. Gramíneas ornamentales, como el caso de la pampa, requieren cortes drásticos anuales para rejuvenecer completamente.

La poda en herbáceas y vivaces es esencial para mantener la salud, controlar el tamaño, y optimizar la floración y la fructificación. En viveros, se realiza cuando la especie lo requiere, ajustándose a las particularidades morfológicas de cada planta.

4.3. Forestales

Los tipos de poda de las plantas para silvicultura se pueden clasificar según el **objetivo** que se pretenda conseguir, y son:

➲ **Formación.** Su objetivo es obtener un tronco recto, sin nudos y de gran calidad para la producción de madera. Esta poda se realiza en los primeros años del árbol para definir su estructura y asegurar un crecimiento óptimo. A diferencia de los frutales, aquí se busca que el crecimiento se concentre en altura y en el tronco principal, eliminando las ramas bajas que podrían formar nudos. Por ejemplo, en las plantaciones de pinos, la poda de formación es fundamental para asegurar que el tronco sea lo más limpio posible y, por tanto, más valioso para la industria maderera.

⊃ **Mantenimiento.** Se realiza de forma regular para mantener la salud y el vigor de la planta. Las labores se centran en:

ʊ **Aclareo:** eliminación de árboles débiles, mal formados o enfermos para favorecer el desarrollo de los ejemplares más fuertes y sanos.

ʊ **Eliminación de ramas bajas:** se cortan las ramas inferiores del tronco para que el árbol concentre su crecimiento en altura y para que la madera sea de mayor calidad, libre de nudos.

ʊ **Control de plagas y enfermedades:** se retiran las ramas o los árboles afectados para evitar la propagación de problemas fitosanitarios.

Esta poda es fundamental en algunas especies como el roble o el castaño, donde la sanidad y la estructura del árbol influyen directamente en la calidad y el valor de su madera.

⊃ **Rejuvenecimiento.** Se puede aplicar en algunos casos para estimular el rebrote en ejemplares viejos muy dañados o atacados por plagas y enfermedades, para permitir que los árboles más jóvenes se desarrollen. No suele ser una poda utilizada en los viveros, ya que la mayoría de las plantas cultivadas se venden antes de llegar a adultas.

 **EJEMPLO**

Un vivero puede tener entre su producción pinos piñoneros, pero los que se utilizarán para una explotación forestal, con el objetivo de recolectar piñones y madera, se podarán de forma distinta que los que tendrán un uso ornamental, como árbol de sombra en un parque o un jardín.

4.4. Frutales

Para tener éxito en el cultivo de frutales, es fundamental que quienes trabajan en la poda dominen perfectamente esta técnica.

Hoy en día, el mercado exige fruta de gran calidad, la cual solo se logra en árboles que han sido correctamente podados y formados desde sus primeros años de vida en el vivero. Por lo tanto, la calidad final del producto dependerá en gran medida de que la labor de poda se lleve a cabo de forma correcta.

Los tipos de poda de frutales se pueden clasificar según el objetivo que se pretenda conseguir, y son:

⮕ **Formación.** Tiene como objetivo establecer una estructura fuerte y equilibrada en los primeros años de vida del árbol, facilitando la cosecha y el desarrollo de la copa. Se busca que las ramas crezcan de forma ordenada, con un tronco principal bien definido. Esta poda es crucial para definir la forma de la copa (por ejemplo, en vaso, piramidal o de eje central), que maximizará la exposición solar de los frutos. Se lleva a cabo en los primeros años de crecimiento, eliminando las ramas que crecen en ángulos inadecuados o que compiten con el tallo central. Un ejemplo de poda de formación en frutales es la que se realiza en los manzanos para crear un eje central, permitiendo que la luz llegue a todas las ramas productivas.

⮕ **Fructificación.** Se realiza anualmente para optimizar la producción de fruta, equilibrando la carga de frutos con el crecimiento vegetativo de la planta. Esta es una de las podas más importantes en los árboles frutales. Consiste en eliminar ramas viejas que ya han producido y seleccionar las yemas o brotes que darán la cosecha del año siguiente. Al limitar el número de frutos, se concentra la energía del árbol en los que quedan, mejorando su tamaño y su calidad. Por ejemplo, en los cerezos, se realiza una poda ligera después de la cosecha para eliminar ramas que ya han fructificado y favorecer el crecimiento de nuevas ramas que producirán en la siguiente temporada.

⮕ **Rejuvenecimiento.** Normalmente, es un tipo de poda que no se ejecuta en el vivero, ya que la inmensa mayoría de los frutales cultivados se venden en los primeros años de su vida.
Se ejecuta sobre árboles maduros, viejos o que presentan síntomas de haber sido atacados por una plaga o enfermedad. Se trata de una poda muy severa que busca estimular el crecimiento de nuevos brotes y restaurar la vitalidad del árbol. Puede consistir en reducir drásticamente la altura y el volumen de la copa para forzar la emisión de brotes nuevos que serán productivos en el futuro. Es una medida de último recurso y es preferible ejecutarla en invierno, durante el período de latencia, para minimizar el estrés de la planta.

4.5. Calendario

Cuando se cultiva en un vivero, la poda no se limita a una estación, sino que es una labor continua y estratégica. Su objetivo principal es **controlar y dirigir el crecimiento** de las plantas para su posterior venta. Esto implica una combinación de poda de **formación** para lograr una estructura atractiva,

saneamiento para eliminar partes enfermas y **mantenimiento** para preservar su buen estado.

La elaboración de un calendario de poda es una tarea fundamental en el manejo de cualquier tipo de planta, pero su enfoque y sus objetivos pueden variar mucho según el entorno en el que se aplique. Mientras que en un jardín, un huerto o un bosque se busca optimizar la producción de frutos, flores o madera en un ciclo anual, el calendario de poda en un vivero tiene un propósito muy diferente y, a menudo, más complejo.

Teniendo en cuenta que se manejan múltiples especies, es fundamental seguir un calendario de poda que se adapte a los ciclos vegetativos de cada planta para maximizar los resultados y evitar daños. Este calendario debe ser **flexible,** ya que el momento exacto puede variar según el **clima y la especie específica.**

El calendario de poda se divide en estaciones, cada una con objetivos específicos:

Invierno	- Es el período conocido como dormancia, y el más común para la poda. La planta está en reposo vegetativo, lo que minimiza el estrés y la pérdida de savia. Es el momento ideal para realizar podas severas como la poda de rejuvenecimiento, la poda de formación y la poda de saneamiento. Se pueden podar árboles frutales de hoja caduca, como el manzano, y arbustos ornamentales que florecen en madera nueva, como el hibisco.
Primavera	- Es la época de brotación de las plantas tras el período de dormancia. Se realiza una poda ligera, generalmente de mantenimiento, para dar forma y estimular la floración. Es el momento adecuado para pinzar (despuntar) las puntas de los brotes en algunas plantas, para fomentar la ramificación y la densidad, como, por ejemplo, en la fucsia o en la albahaca. También es la época para realizar el aclareo de frutos en los árboles frutales.
Verano	- En este período, los vegetales tienen un crecimiento muy activo. Se realizan principalmente podas de mantenimiento y ligeras. El objetivo es eliminar chupones, brotes indeseados y ramas enfermas para mantener la forma y mejorar la aireación. Es una buena época para el deshojado en hortalizas, como el tomate, y para realizar podas especiales en setos ornamentales, de tipo ciprés.

Continúa en página siguiente >>

<< Viene de página anterior

Otoño	- Son los meses de menor crecimiento y de preparación para la dormancia. Se debe evitar la poda severa, ya que puede estimular el crecimiento de nuevos brotes que no tendrán tiempo de madurar antes de las heladas. Se pueden realizar podas de limpieza para eliminar ramas muertas o dañadas y preparar la planta para el invierno.

A continuación, se presenta una tabla que puede servir de guía general para orientar la planificación de la poda conociendo los objetivos, las épocas más adecuadas y los distintos tipos de poda que se aplican.

Tipo de poda	Objetivos principales	Época del año
Formación	Establecer una estructura fuerte y equilibrada en plantas jóvenes.	Invierno (dormancia)
Mantenimiento	Eliminar ramas secas, enfermas, chupones y mantener la forma.	Primavera y verano
Rejuvenecimiento	Podas drásticas para revitalizar plantas maduras o muy dañadas.	Finales de invierno
Pinzamiento y despunte	Fomentar la ramificación y conseguir un porte más compacto. Aumentar la floración.	Primavera y verano
Deshojado	Eliminar hojas viejas o enfermas para mejorar la aireación y la sanidad.	Verano
Aclareo de frutos	Reducir la cantidad de frutos para mejorar su tamaño y su calidad.	Primavera (cuando el fruto está recién cuajado)
Especiales (topiaria)	Dar una forma específica y geométrica a la planta.	Primavera y verano (durante el crecimiento activo)

ACTIVIDAD 4

A unas tomateras se les está dando una poda que consiste en eliminar algunas hojas sanas. Además, se están cortando las que están dañadas,

Continúa en página siguiente >>

<< Viene de página anterior

enfermas o impiden el paso de la luz. Se pretende que exista un equilibrio vegetativo óptimo. ¿Cómo se llama ese tipo de poda?

Solución

Este tipo de poda se denomina deshojado. Consiste en ajustar la cantidad de hojas eliminando algunas que estén sanas. Y, además, las que estén dañadas, enfermas o impidan el paso de la luz, para lograr un equilibrio vegetativo óptimo. Por ejemplo, este método se utiliza con frecuencia en la tomatera, donde se retiran las hojas inferiores viejas y las afectadas por enfermedades.

---

5. Equipos y herramientas de poda

☞ HILO CONDUCTOR

En el vivero se utilizan diversas herramientas para podar con precisión y eficacia. Cada día, tras la jornada laboral, se revisan, limpian y afilan sus tijeras y serruchos, y se mantienen en óptimas condiciones las motosierras, las cortasetos y el resto de la maquinaria. En todo momento, Jorge elige cuidadosamente el equipo más adecuado, optimizando esfuerzos y garantizando la calidad de los cortes.

El uso de herramientas y equipos de poda profesionales, y su correcto manejo y mantenimiento, son fundamentales para garantizar la eficacia, la seguridad y la salud de las plantas. Unas herramientas adecuadas, afiladas y desinfectadas no solo facilitan el trabajo, reduciendo el esfuerzo del operario, sino que también aseguran cortes limpios que favorecen una rápida cicatrización de la planta, minimizando el riesgo de enfermedades e infecciones.

5.1. Herramientas manuales

Las herramientas manuales son las de uso más generalizado en viveros. Su diseño debe garantizar ergonomía y resistencia, pues muchas están sometidas a esfuerzos continuos. Los materiales predominantes para las cuchillas son aceros inoxidables o aceros de aleación templados y pulidos, con tratamientos anticorrosión.

Las **principales herramientas** que se suelen emplear para la poda son:

➲ **Tijera de una mano.** Herramienta básica, que se usa con una mano, para podar desde hojas hasta pequeñas ramas, flores y frutos. Se emplea para cortes de un diámetro de hasta 2 cm. Están adaptadas para realizar cortes limpios en ramas pequeñas (hasta 15-25 mm). Hay dos modelos básicos, que son el bypass, que corta por deslizamiento de una cuchilla afilada sobre otra, y el de yunque, con un corte por aplastamiento de una cuchilla afilada sobre un tope fijo que hace de contrachuchilla. Las podaderas de bypass son preferibles para poda de ramas verdes y las de yunque son mejores para vegetación seca. Las cuchillas son de acero inoxidable o templado.

➲ **Tijera de fuerza.** Se usa con dos manos y se emplea para cortes de mayor diámetro que la tijera de poda y para material leñoso. Existen tijeras de fuerza tipo yunque, que tiene una sola cuchilla recta, y tijeras de fuerza de paso, que tienen una cuchilla curva. Las cuchillas pueden ser de bypass o de yunque. Estas herramientas suelen tener mangos de aluminio o fibra de carbono para reducir el peso y mejorar la resistencia.

➲ **Tijera cortasetos.** Formada por dos hojas cruzadas entre sí, dotada cada hoja de un mango. Existen tijeras cortasetos de distintos tamaños y formas, algunas con mangos ergonómicos y otras con un mango muy alargado, para acceder a zonas lejanas. Se emplean para ramas de 1 o 2 cm de diámetro. Sus hojas suelen ser de acero templado y los mangos de madera o materiales compuestos.

➲ **Serrucho.** Hay distintos tipos de serruchos según tengan la hoja recta o curva, y según el tipo de afilado, normal o japonés. El japonés posee una línea doble de dientes cruzados. Con el serrucho se pueden cortar ramas de entre 5 y 10 cm de diámetro, dependiendo del tamaño y la longitud de la hoja. Para podar ramas altas desde el suelo, se utiliza una herramienta compuesta por una pértiga a la que se le ha acoplado un serrucho, alcanzando 10 o 12 m sin necesidad de usar escaleras. Los más usados son los de afilado japonés, ya que permiten mayor adherencia y evitan el peligro de rotura de las ramas por desgarro. Las hojas de los serruchos son de acero al carbono o acero inoxidable, y los mangos son de madera o de plástico.

Tijera cortasetos, para ramas de 1 o 2 cm de diámetro

Siempre es recomendable usar herramientas bien afiladas para que los cortes sean limpios. Para realizar un afilado correcto hay que emplear piedras específicas para ello, manuales o mecánicas. También hay que limpiarlas y desinfectarlas muy bien, sobre todo si se han empleado para eliminar zonas atacadas por plagas o enfermedades, ya que se podrían transmitir de una planta a otra a través de las herramientas. Para desinfectar las herramientas de poda hay que emplear alcohol u otro desinfectante como, por ejemplo, lejía disuelta en agua. En el mercado existen productos específicos para desinfectar las herramientas de poda.

Hay dos herramientas manuales más, **la navaja y el hacha,** que han caído en desuso para realizar tareas de poda. En un vivero, y también en jardinería, agricultura y silvicultura, su uso es menos frecuente y se reserva a situaciones excepcionales o tareas muy específicas. Ambas herramientas dificultan enormemente la realización de cortes limpios y precisos, esenciales para una correcta cicatrización y salud de la planta. Los desgarros que suelen producir son puntos de entrada fáciles para plagas y enfermedades.

Su manejo exige una técnica depurada y una fuerza considerable, incrementando el riesgo de accidentes (cortes, lesiones musculares, golpes) y provocando fatiga rápida en el operario. Las herramientas modernas están diseñadas para minimizar estos riesgos, con mangos ergonómicos y mecanismos que multiplican la fuerza aplicada. Son herramientas notablemente más lentas que las tijeras de fuerza o los serruchos de poda bien afilados para realizar cortes de tamaño similar, lo que reduce la productividad en trabajos profesionales.

Las herramientas modernas (tijeras de una mano, de fuerza, cortasetos, serruchos) están específicamente diseñadas para tipos de corte, tamaños de rama y posiciones de trabajo concretas, ofreciendo un mejor control y resultados superiores.

Muy ocasionalmente, podadores expertos utilizan la navaja para podar brotes muy tiernos o dar pequeños retoques de acabado en ciertas técnicas de poda artística o topiaria, donde se busca un corte controlado al milímetro. Su manejo requiere gran destreza.

Respecto al hacha, su uso principal se limita casi exclusivamente a la eliminación de tocones o troncos ya cortados y en proceso de descomposición, o a la apertura de troncos enfermos para inspeccionarlos. Teniendo en cuenta que el corte del hacha no es limpio, su uso es muy poco frecuente o inexistente en viverismo profesional, debido a los riesgos y los daños que causa en la planta.

 RECUERDA

El hacha y la navaja impiden la realización de cortes de poda limpios y precisos, fundamentales para una buena cicatrización. Los daños debidos a desgarros suelen ser la vía de entrada de plagas y enfermedades.

5.2. Equipos mecánicos

La energía que necesitan las máquinas usadas en la poda proviene de motores de combustión o eléctricos, los cuales se alimentan de una batería. Los equipos de combustión son conocidos por su gran potencia y autonomía, ideales para trabajos intensivos en grandes extensiones. Los equipos de batería han avanzado bastante en los últimos años, y son más ligeros, silenciosos y de fácil mantenimiento, perfectos para tareas repetitivas en viveros o zonas donde el ruido y las emisiones son un problema. Las principales **máquinas** son:

⊃ **Motosierra.** Es una máquina que ha sido diseñada específicamente para cortar madera y, aunque inicialmente se desarrollaron para el corte de leña, con el paso del tiempo han aparecido diseños y modelos específicos para podar. Está formada por una cadena de eslabones, cada uno con una cuchilla, que gira sobre un soporte conocido como espadín. La cadena es movida a gran velocidad por el motor. La motosierra se emplea para cortes de un tamaño superiores a 5 cm de diámetro. En viveros y centros de jardinería se emplean preferentemente modelos ligeros con motor de gasolina o batería. Existen modelos telescópicos, equipados con una pértiga mediante la cual se puede acceder a alturas de hasta 4 o 6 m sin que la persona que maneja la máquina tenga que subirse a escaleras.

- **Tijera eléctrica.** Generalmente de batería, se usan debido a su capacidad para realizar numerosos cortes de forma continuada, en ramas de hasta 30 o 40 mm, reduciendo significativamente la fatiga del operario y aumentando la productividad. A diferencia de los modelos manuales, estas tijeras utilizan un motor para accionar las cuchillas, lo que minimiza la fuerza necesaria y permite trabajar durante períodos más largos. Su diseño ergonómico y la facilidad de recarga las convierten en una opción ideal para trabajos en viveros o frutales donde se requiere una poda precisa y constante. Además, muchos modelos incorporan sistemas de seguridad para evitar accidentes durante su uso.

- **Cortasetos.** En un vivero o centro de jardinería, se utiliza para el mantenimiento de plantas cuyo destino es formar parte de setos ornamentales. Se emplean para dar formas concretas a los arbustos y árboles, aplicando la topiaria, por ejemplo, formando copas esféricas. Consta de un espadín, sobre el que se sitúan dos cuchillas dentadas que se mueven alternativamente y en sentido contrario una contra la otra. Las cuchillas son accionadas por la fuerza que les proporciona el motor mediante un engranaje.

- **Soplador y aspirador.** Aunque no es una máquina específica para podar, se usa como complemento, para soplar y amontonar los restos de poda. Hay máquinas que únicamente realizan la función de soplador; en cambio, hay otras que combinan esta tarea con la posibilidad de aspirar los desechos, fundamentalmente hojas y pequeñas ramas.

- **Equipo multifunción.** Son equipos que permiten intercambiar rápidamente de accesorio de corte, según el tipo de operación. De esta manera, con el mismo motor se puede usar un cortasetos o una motosierra, según se necesite en cada momento. Hay algunos modelos que admiten un soplador, una desbrozadora e incluso unas pequeñas cuchillas para labrar la tierra.

5.3. Accesorios

Los accesorios para la poda son tan importantes como las herramientas principales, ya que complementan su uso y garantizan su correcto funcionamiento y conservación. Sin ellos, tareas esenciales como el afilado, la lubricación o la limpieza serían imposibles de realizar, comprometiendo la calidad del trabajo y la vida útil del equipo. Desde piedras para afilar hasta aceites protectores, cada accesorio cumple un rol vital para asegurar que la poda se realice de forma segura, eficiente y con el menor impacto posible en las plantas. Los más habituales son:

Piedras de afilar
- Se utilizan para mantener las hojas de tijeras, cuchillos, serruchos y motosierras siempre afiladas. Son piedras de diferentes granulometrías (por ejemplo, grano 100 y 220 para acabados) que permiten afilar con precisión y conservar el ángulo correcto del filo. También se emplean limas especiales con mango para afilar dientes de serruchos y motosierras.

Afiladores eléctricos y manuales
- Herramientas especializadas para afilar cadenas de motosierras o cuchillas de tijeras eléctricas con precisión y uniformidad. Algunos modelos permiten ajustar ángulo y presión para distintos tipos de filo.

Aceites y lubricantes
- Aceite especial para lubricar las bisagras y los mecanismos de tijeras manuales y eléctricas, evitando corrosión y desgaste. Aceite de cadena para motosierras, que evita el sobrecalentamiento y el desgaste prematuro de la cadena. Aerosoles desengrasantes para la limpieza de restos de savia, resinas y suciedad.

Cepillos y paños
- Cepillos suaves para eliminar residuos y óxido en cuchillas y mecanismos sin dañar la superficie. Paños para la limpieza y el secado de las herramientas tras el lavado.

Llaves y herramientas
- Para el ajuste y el mantenimiento de componentes desmontables en máquinas motorizadas (motosierras, cortasetos). Llaves para el tensado de cadena y el montaje/desmontaje de piezas.

Fundas y estuches
- Evitan golpes, humedad y corrosión durante el almacenamiento prolongado. Algunos incluyen bolsas o cajas de transporte con compartimentos organizativos.

5.4. Uso y manejo

Saber usar una herramienta de poda es tan importante como saber manejarla. El uso se refiere al conocimiento técnico, a la capacidad de operar la herramienta de forma correcta, como saber encender una motosierra o realizar un corte limpio con las tijeras. El manejo, por otro lado, implica la destreza para aplicar ese conocimiento en el entorno de trabajo, tomando decisiones sobre qué rama cortar, por qué y en qué ángulo, adaptándose a las condiciones de cada planta y entorno.

Como normas generales de uso de los equipos y las herramientas de poda, deben seguirse una serie de recomendaciones, que son las siguientes:

Selección adecuada
- Hay que escoger la herramienta según el diámetro de la rama u órgano que cortar (flor, fruto, etc.), así como el tipo de planta y el lugar de aplicación. Por ejemplo, para cortar una rosa seca, se escogerá una tijera de poda, tipo bypass.

Procedimiento de corte
- El corte debe realizarse en el ángulo adecuado para facilitar la cicatrización, evitando arrancar o desgarrar el tejido.

Ajustes en equipos eléctricos
- Calibrar fuerza y velocidad según la dureza de la madera, verificando el estado de baterías y cuchillas.

Configuraciones básicas
- En motosierras, ajustar la tensión de la cadena y aplicar lubricación previa a su uso.

Selección según experiencia
- Las tijeras manuales son más recomendadas para operarios principiantes; en cambio, las máquinas motorizadas requieren formación previa.

Hay que seleccionar las herramientas y los equipos de poda adecuados para garantizar la eficacia y la salud de las plantas. A continuación, se detallan los más apropiados según el tipo de planta y las necesidades de la tarea:

- **Hortícolas.** La poda en hortalizas suele ser ligera y frecuente, eliminando tallos secundarios para favorecer el desarrollo del fruto. Se emplean herramientas manuales ligeras, como tijeras de una mano y, en algunas ocasiones, navajas. Por ejemplo, en la poda de tomates se usan tijeras de podar con hojas finas para evitar dañar la planta y asegurar cortes limpios que reduzcan el riesgo de infecciones.
- **Ornamentales.** En plantas cuyo destino es ser colocadas en una zona verde, o cultivadas como ornamentales en macetas o jardineras, la poda varía en función de la especie y el objetivo (formación, floración o limpieza). Se emplean herramientas manuales, como tijeras de una o de

dos manos, y en grandes arbustos o setos, cortasetos eléctricos o motorizados. En los arbustos cultivados con formas geométricas, o de alguna figura, se usan las tijeras cortasetos y las de una mano, y en ocasiones el cortasetos a motor.

⊃ **Forestales.** En viveros con plantas forestales, las tareas de poda se centran en la formación del tronco y el control de las ramificaciones. En los primeros años de crecimiento, se usan tijeras de una mano, y conforme el árbol va creciendo y coge una mayor altura y envergadura, se requieren tijeras de dos manos, serruchos o motosierras para ramas gruesas.

⊃ **Frutales.** Se usan herramientas variadas según el tamaño del árbol y las ramas. Para brotes y ramas finas, se usan tijeras de una mano. Las tijeras de dos manos son para ramas más gruesas. Los serruchos de poda se utilizan para las ramas que las tijeras no pueden cortar. Para ramas muy altas, son útiles los serruchos o las motosierras de pértiga.

5.5. Mantenimiento

La conservación regular de las herramientas y los equipos de poda es un factor clave para garantizar un buen trabajo. Unas herramientas bien cuidadas no solo ofrecen cortes limpios y precisos, sino que también prolongan su vida útil y, sobre todo, previenen la transmisión de enfermedades entre plantas. Por lo tanto, es fundamental seguir un calendario de mantenimiento preventivo que incluya tareas de limpieza, afilado y lubricación después de cada uso o jornada de trabajo.

El protocolo de mantenimiento incluye tareas como:

Limpieza
- Eliminar residuos vegetales y savia, usar solventes o agua jabonosa según el caso, secar completamente para evitar la corrosión.

Afilado
- Las cuchillas afiladas garantizan cortes limpios y reducen esfuerzo. Limar o pulir con piedras o herramientas especiales.

Lubricación
- Usar aceites específicos para bisagras y cadenas, que evitan el desgaste y la corrosión.

Continúa en página siguiente >>

<< *Viene de página anterior*

Almacenamiento
- Guardar herramientas y maquinaria en lugares secos, alejados de la humedad. Hay que proteger las hojas de corte de las tijeras y los serruchos con fundas.

Pruebas de funcionamiento
- Verificar los movimientos de las partes móviles, los ajustes de tensión de muelles y correas, así como la carga de baterías, a intervalos regulares.

La siguiente tabla muestra un programa de mantenimiento habitual para herramientas y maquinaria de poda:

Herramienta	Frecuencia	Tareas principales
Tijeras manuales (una mano, de fuerza y cortasetos)	Después de cada uso o jornada de trabajo.	Limpieza, secado, afilado, lubricación de bisagras y elementos móviles.
Serruchos manuales	Después de cada uso o jornada de trabajo.	Afilado, ajuste de dientes, limpieza.
Tijeras eléctricas	Después de cada uso, especialmente las cuchillas.	Limpieza, revisión de batería, afilado de cuchillas.
Motosierras	Después de cada uso, especialmente la cadena y el espadín.	Limpieza, afilado de cadena según se estado, lubricación, revisión de filtro de aire y combustible o batería.
Cortasetos (con motor)	Después de cada uso, fundamentalmente las cuchillas.	Limpieza, afilado, lubricación de cuchillas, revisión de batería y/o de filtro de aire y combustible.
Soplador y aspirador	Después de cada uso.	Limpieza de filtros, revisión de las aspas del ventilador, limpieza de los conductos de aire. Si es de gasolina, revisar el filtro de combustible y la bujía.
Equipo multifunción (desbrozadora, cortasetos, motosierra, etc.)	Después de cada uso, sobre todo las cuchillas y las cadenas.	Limpieza general del equipo y el accesorio utilizado. Revisión y afilado de las cuchillas o el hilo de corte. Revisión de conexiones, filtros, combustible o batería.

Las tareas realizadas deben quedar anotadas en el **libro de mantenimiento** de cada máquina o herramienta. Es un registro detallado que documenta todas las revisiones y las reparaciones, y tiene como objetivo principal garantizar la seguridad, la eficiencia y la durabilidad del equipo.

Funciona como un historial que permite saber con exactitud cuándo se llevó a cabo cada tarea, por ejemplo, un cambio de filtro, quién la hizo y con qué características. Este documento es necesario para planificar futuras revisiones, prevenir averías y mantener el valor del equipo a largo plazo.

 PARA SABER MÁS

La limpieza de la maquinaria usada en la poda es fundamental para su correcto funcionamiento. En la siguiente web podrás obtener información específica sobre una de ellas. Accede desde aquí:

https://redirectoronline.com/3050040204

 TAREA 4

Una persona que trabaja en un vivero tiene que podar tres parcelas: una con plantas hortícolas, otra con forestales y otra con arbustos ornamentales con forma topiaria. Dispone de las siguientes herramientas: tijeras de una mano, tijeras de dos manos, serruchos y motosierras. ¿Podrá realizar la poda en todas las parcelas con las herramientas de las que dispone o le faltará alguna? ¿Podrá utilizar una misma herramienta para trabajar en todas las parcelas?

6. Gestión de residuos

☞ **HILO CONDUCTOR**

Jorge recoge los desechos vegetales procedentes de la poda, y los clasifica según su tipo y su destino. Utiliza trituradores para convertir los restos en compost o usarlos como acolchado, para mejorar la estructura del suelo, conservar la humedad y aportar nutrientes de forma natural.

La gestión eficiente de los restos vegetales procedentes de la poda consti-tuye uno de los aspectos fundamentales para el funcionamiento sostenible de un vivero o centro de jardinería. Realizar prácticas adecuadas no solo contribuye a la optimización de los recursos disponibles, sino que también representa una oportunidad estratégica para reducir costes y minimizar el impacto ambiental de la actividad productiva.

Al realizar las tareas de poda, se generan una gran cantidad de residuos ve-getales. Estos desechos, si se gestionan adecuadamente, pueden transfor-marse en un recurso muy valioso mediante la aplicación de técnicas apro-piadas de reciclaje.

6.1. Tipos de restos vegetales

El primer paso para gestionar los restos de poda en un vivero o centro de jardinería es realizar una correcta identificación y clasificación de estos. Los desechos generados se clasifican según su naturaleza física, por lo que pueden ser:

➲ **Blandos.** Los restos blandos comprenden todos aquellos materiales ve-getales con alto contenido de agua y bajo grado de lignificación. Esta categoría incluye las hojas de especies caducifolias como el arce, el ce-rezo ornamental, el almez o el árbol del amor. Durante el otoño, estos ma-teriales se generan en grandes volúmenes cuando los árboles de hoja caduca renuevan su follaje.
Los restos de cosechas hortícolas incluyen tallos tiernos, hojas y frutos no comercializables de especies cultivadas en el vivero. Estos materia-les, ricos en agua y nutrientes, se descomponen rápidamente.

Las malas hierbas, al ser retiradas de forma manual o mecánica, se convierten en valiosos restos vegetales. Suelen tener un alto contenido de agua y nutrientes, y se descomponen fácilmente.

➲ **Duros.** Los restos duros están constituidos por materiales leñosos con alto contenido de lignina y celulosa. Las ramas de especies como el pino, la encina y otros árboles forestales requieren tratamientos específicos debido a su lenta descomposición natural. Estos materiales necesitan ser fragmentados mecánicamente para acelerar su procesamiento posterior.

Entre las hojas especialmente duras destacan las de la jara, cuyas características particulares merecen atención especial. Las hojas de esta especie son coriáceas (duras) y están impregnadas de ládano, una sustancia resinosa que les confiere resistencia a la descomposición. Esta sustancia pegajosa y aromática, que protege a la planta de la desecación y los herbívoros, también dificulta su procesamiento en sistemas convencionales de compostaje. Las hojas perennes del alcornoque constituyen otro ejemplo de material vegetal resistente. Estas hojas coriáceas, de color verde oscuro en el haz y blanquecinas en el envés, mantienen su estructura durante largos períodos debido a su adaptación al clima mediterráneo. Su procesamiento requiere trituración previa y períodos de compostaje más prolongados para lograr una descomposición completa.

Los troncos y las ramas gruesas procedentes de podas de formación o renovación representan la fracción más voluminosa de los restos duros. Su manejo requiere equipos especializados de fragmentación y pueden destinarse a usos alternativos como producción de biomasa o fabricación de astillas para acolchado.

➲ **Otros restos de poda.** Los viveros generan otros tipos de residuos vegetales que requieren un tratamiento específico. Las flores marchitas y los frutos dañados aportan nutrientes valiosos al compostaje, aunque deben manejarse cuidadosamente para evitar la propagación de enfermedades o plagas. Las semillas procedentes de operaciones de limpieza y mantenimiento pueden tratarse como residuo orgánico, aunque es importante considerar su potencial germinativo. En algunos casos, puede ser necesario someterlas a tratamientos térmicos durante el compostaje para evitar germinaciones no deseadas.

Las raíces de plantas extraídas durante renovaciones o trasplantes constituyen un material rico en nutrientes, pero de lenta descomposición. Su incorporación al compostaje requiere fragmentación previa y puede beneficiarse de la inoculación con microorganismos específicos para acelerar el proceso de degradación.

La naturaleza y la proporción de los restos generados varían significativamente según el tipo de producción del vivero.

Los **viveros ornamentales** generan principalmente hojas, flores y ramas de poda de especies decorativas, con una gran diversidad de materiales debido a la variedad de especies cultivadas. La estacionalidad de la generación de residuos es muy marcada, con picos en otoño e invierno para especies caducifolias y en primavera y verano para las operaciones de poda de formación.

Los **viveros hortícolas** producen principalmente restos de cultivos estacionales, con volúmenes concentrados en períodos cortos. Estos materiales suelen tener alto contenido de agua y se descomponen rápidamente, requiriendo procesamiento inmediato para evitar fermentaciones anaeróbicas no deseadas.

Los **viveros forestales y frutales** se caracterizan por generar principalmente materiales leñosos, muchos de ellos de especies autóctonas. Los restos de poda suelen ser más homogéneos, pero presentan mayor resistencia a la descomposición, requiriendo equipos más potentes para su fragmentación.

IMPORTANTE

El primer paso para gestionar los residuos vegetales de poda es identificarlos correctamente para poder clasificarlos y posteriormente darles el tratamiento adecuado.

- -

Esta diversidad de materiales exige un enfoque flexible en la gestión, adaptando las técnicas y los equipos a las características específicas de cada tipo de residuo. La comprensión de estas diferencias resulta fundamental para diseñar sistemas eficientes de aprovechamiento que maximicen la valorización de todos los materiales generados en el vivero.

6.2. Usos

Los restos de poda, a menudo considerados como un simple desecho, pueden transformarse en valiosos recursos para el mantenimiento de las plantas y la sostenibilidad del vivero o el centro de jardinería.

Lejos de ser un subproducto sin valor, estos materiales orgánicos pueden tener múltiples aplicaciones beneficiosas, reduciendo la cantidad de residuos y contribuyendo a un ciclo más eficiente.

Alguna de estas aplicaciones pueden ser desde la producción de abono orgánico de alta calidad, como el compost, que enriquece el suelo y mejora su estructura, hasta su uso como acolchado para retener la humedad, controlar las malas hierbas y proteger las raíces. Además, en escalas mayores, los restos de poda pueden convertirse en una fuente de biomasa, lo que demuestra su versatilidad y su valor más allá del simple desecho.

Fabricación de abono orgánico (compost)

El compostaje representa la técnica más versátil y beneficiosa para gestionar los restos vegetales procedentes de la poda. Este proceso biológico permite transformar los desechos orgánicos en un material estable, rico en nutrientes y altamente beneficioso para el cultivo de plantas.

El compostaje es un **proceso biológico aeróbico (con presencia de oxígeno)** en el que diversos microorganismos degradan la materia orgánica, transformándola en un material homogéneo denominado **compost.**

La actividad microbiana genera calor, elevando la temperatura de la masa compostada hasta niveles que garantizan la higienización del material y la eliminación de patógenos y semillas de malas hierbas. Durante el proceso se suceden diferentes poblaciones microbianas que se especializan en la degradación de compuestos específicos.

El proceso de compostaje tiene cuatro fases distintivas basadas en la temperatura y la actividad microbiana, que son:

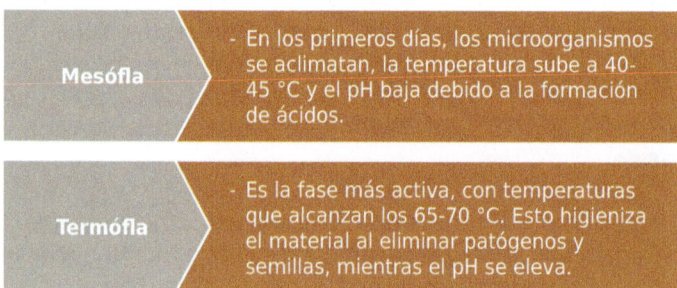

Mesófla – En los primeros días, los microorganismos se aclimatan, la temperatura sube a 40-45 °C y el pH baja debido a la formación de ácidos.

Termófla – Es la fase más activa, con temperaturas que alcanzan los 65-70 °C. Esto higieniza el material al eliminar patógenos y semillas, mientras el pH se eleva.

Continúa en página siguiente >>

<< Viene de página anterior

Enfriamiento	- A medida que los materiales fáciles de degradar se agotan, la temperatura baja y los microorganismos mesófilos vuelven a estabilizar el material.
Maduración	- Durante 2-4 meses a temperatura ambiente, se estabiliza la materia orgánica, creando compuestos parecidos a las sustancias húmicas del suelo.

La calidad del compost final depende en gran medida de la **adecuada selección y proporción de materiales.** Los restos de poda aportan principalmente carbono, por lo que deben mezclarse con materiales ricos en nitrógeno para mantener una relación adecuada. Los restos blandos como hojas frescas y hierba cortada aportan nitrógeno, mientras que los materiales leñosos contribuyen con carbono y proporcionan estructura a la mezcla.

El **control de la humedad** resulta fundamental para el éxito del proceso. El contenido óptimo se sitúa entre el 50 y el 60 %, permitiendo la actividad microbiana. Un indicador práctico es que el material, al apretarlo en la mano, debe liberar algunas gotas sin llegar a escurrir.

La **aireación** constituye otro parámetro crítico, ya que el proceso es estrictamente aeróbico. Se puede lograr mediante volteos periódicos de la pila, instalación de tuberías de aireación o uso de sistemas de aireación forzada. La frecuencia de volteos recomendada es semanal durante la fase termófila y quincenal durante la maduración.

La producción y el uso de compost propio, a partir de restos de poda, aporta **múltiples beneficios al vivero,** como son:

- **Mejora la estructura.** El compost mejora la textura del suelo, facilitando la aireación y el desarrollo de las raíces. Esto crea un entorno ideal para que las plantas crezcan fuertes y sanas.
- **Retiene agua y nutrientes.** Al añadir compost, el sustrato puede retener más agua y nutrientes, lo que significa que las plantas estarán mejor hidratadas y nutridas por más tiempo, reduciendo la necesidad de riegos y fertilizantes adicionales.
- **Aporta microorganismos.** El compost es una fuente rica de microorganismos que mejoran la salud del suelo y ayudan a las plantas a defenderse de enfermedades, actuando como un escudo natural.

- **Fertiliza lentamente.** El compost libera nutrientes de forma gradual y constante. Esto asegura que las plantas reciban una nutrición sostenida, evitando que se fertilice en exceso.
- **Reduce costes.** Al transformar los restos orgánicos del vivero en compost, se reduce la cantidad de residuos que se necesita retirar al vertedero, por lo que se disminuyen los gastos de transporte y eliminación, contribuyendo a la reducción de la contaminación y la producción de gases de efecto invernadero.
- **Disminuye la dependencia externa.** Al producir el vivero su propio fertilizante natural, reduces la necesidad de comprar productos químicos comerciales, lo que supone un ahorro significativo a largo plazo.
- **Aumenta el valor.** Las plantas cultivadas con compost propio suelen ser más vigorosas y resistentes. Esta mayor calidad se traduce en un producto más atractivo para los clientes y, por lo tanto, con un mayor valor de mercado.
- **Reduce el volumen de residuos.** El compostaje disminuye la cantidad de restos que hay que retirar al vertedero, contribuyendo a la reducción de la contaminación y la producción de gases de efecto invernadero.

Acolchado *(mulching)*

El acolchado o *mulching* es una técnica fundamental en la gestión sostenible de viveros que permite el aprovechamiento directo de los restos de poda triturados como cobertura protectora del suelo. Esta práctica imita los procesos naturales que ocurren en los ecosistemas forestales, donde los restos vegetales forman una capa protectora que conserva la humedad y mejora las condiciones del suelo.

En el caso de la poda, se lleva a cabo aportando sobre el terreno o el sustrato de los contenedores una capa de restos vegetales triturados de entre 3 y 10 cm.

El acolchado con restos de poda aporta los siguientes **beneficios:**

Protección contra agentes meteorológicos
- Protege las plántulas jóvenes de condiciones climáticas adversas. Actúa como una capa aislante que protege las raíces de las heladas y reduce el impacto de las fluctuaciones de temperatura. También reduce la erosión y la escorrentía producida en el suelo por fuertes lluvias, granizo, nieve, etc.

Continúa en página siguiente >>

<< *Viene de página anterior*

Control de malezas
- El acolchado crea una barrera física que bloquea la luz, impidiendo que las semillas de las malas hierbas germinen. Esto disminuye la necesidad de usar herbicidas o de hacer escardas manuales, ahorrando tiempo y dinero.

Reduce la evaporación
- Una capa de acolchado sobre la superficie del sustrato minimiza la pérdida de agua por evaporación. Esto es especialmente útil en cultivos en contenedores, ya que puede reducir el consumo de agua hasta en un 30 %.

Regula la temperatura
- Ayuda a mantener el sustrato a una temperatura más estable. En verano, lo mantiene más fresco, y en invierno, más cálido. Esta estabilidad favorece el desarrollo de las raíces y la actividad de los microorganismos beneficiosos.

Los **restos de poda triturados** utilizados para acolchado deben cumplir características específicas para optimizar su funcionamiento. El tamaño de partícula ideal se sitúa entre 1 y 5 cm, proporcionando una cobertura efectiva sin impedir el intercambio gaseoso ni la infiltración del agua de riego.

Los **materiales leñosos** procedentes de ramas y tallos constituyen el acolchado más duradero, manteniéndose efectivo de 12 a 18 meses antes de que deban ser repuestos. Su descomposición lenta los convierte en una opción económica para áreas que no requieren renovación frecuente.

Las **hojas trituradas** ofrecen un acolchado de descomposición más rápida, de 6 a 12 meses, especialmente adecuado para especies que se benefician de un aporte gradual de nutrientes. Sin embargo, requieren una trituración más fina para evitar que el viento las disperse.

La **mezcla de diferentes tipos de restos** permite optimizar las características del acolchado, combinando la durabilidad de los materiales leñosos con el aporte nutricional de las hojas y otros restos blandos. Esta combinación resulta especialmente efectiva en cultivos de ciclo largo o plantas perennes.

Acolchado de un bancal de cultivo con restos vegetales triturados

Otros usos especializados

Los restos de poda de mayor calibre pueden destinarse a la **producción de biomasa energética,** proporcionando una fuente renovable de energía para calefacción de invernaderos o instalaciones del vivero.

Los materiales leñosos, con un contenido de humedad inferior al 25 %, presentan un poder calorífico adecuado para su uso energético. Esta aplicación resulta especialmente interesante para viveros de gran tamaño que requieren calefacción durante los meses fríos.

Los restos de poda compostados pueden incorporarse a la **formulación de sustratos específicos** para diferentes tipos de cultivos. Mezclados con otros componentes como turba, perlita o vermiculita, proporcionan sustratos con características físicas y químicas adecuadas para determinadas especies, como la hortensia o los arándanos, que necesitan sustratos con un pH ácido.

Para **especies forestales,** los sustratos enriquecidos con compost de restos de poda aportan la materia orgánica y los microorganismos característicos de zonas de bosque, mejorando la adaptación de las plántulas a su ambiente natural.

En **cultivos ornamentales,** la incorporación de compost mejora la estructura del sustrato, aumenta la capacidad de retención de nutrientes y proporciona una liberación gradual de elementos esenciales para el crecimiento.

6.3. Equipos y herramientas para la gestión de residuos

La gestión eficiente de los restos vegetales comienza con un sistema adecuado de recolección y transporte que permita mover los materiales desde los puntos de generación hasta las áreas de procesamiento o almacenamiento temporal.

La selección de maquinaria debe basarse primordialmente en el análisis del volumen anual de residuos generados y su distribución estacional. Los viveros con generación inferior a 50 m³/año pueden optimizar costes con equipos manuales y biotrituradoras pequeñas, mientras que volúmenes superiores a 200 m³/año requieren de inversiones en equipos de mayor capacidad.

El tipo predominante de residuos condiciona significativamente la selección de equipos. Los viveros especializados en especies forestales requieren trituradoras más potentes para procesar material leñoso, mientras que los viveros que mayoritariamente cultiven plantas ornamentales, con predominio de hojas y restos blandos, pueden optimizar costes con equipos de menor potencia.

Remolques agrícolas

Los remolques agrícolas constituyen la solución más versátil para el transporte de grandes volúmenes de restos de poda en viveros de mediano y gran tamaño. Estos equipos, con capacidades que oscilan entre 2 y 8 m³, permiten la recolección eficiente de materiales en diferentes puntos del vivero y su transporte hasta las áreas de procesamiento.

Los remolques con sistema de descarga basculante facilitan significativamente las operaciones de vaciado, especialmente cuando se trabaja con materiales voluminosos como ramas y troncos. La altura de descarga variable permite depositar los residuos directamente en trituradoras o formar pilas organizadas para su procesamiento posterior.

Para viveros especializados en especies forestales, donde el volumen de material leñoso es considerable, los remolques de mayor capacidad, de 6 a 8 m, optimizan el número de viajes necesarios y reducen los tiempos muertos. Si la carga se compacta ligeramente, puede aumentar la carga útil hasta un 30 % más.

Contenedores y sacos de carga de gran volumen

Los **contenedores específicos** para restos de poda ofrecen una solución práctica para la gestión centralizada de residuos vegetales. Con capacidades estándar de 3, 5, 7, 10 y hasta 20 m³, estos contenedores se adaptan a las necesidades específicas de cada vivero según su tamaño y el volumen de generación de residuos.

La principal ventaja de este sistema radica en que se puede externalizar el transporte, ya que hay empresas especializadas que se encargan de la recogida y el traslado a plantas de tratamiento. Esto resulta especialmente ventajoso para viveros urbanos, donde el espacio para procesamiento es limitado.

Los contenedores diseñados para desechos vegetales incorporan características técnicas optimizadas, como refuerzos estructurales para soportar el peso de materiales húmedos y sistemas de enganche compatibles con diferentes tipos de vehículos de recogida.

Por otro lado, los **sacos de gran capacidad,** conocidos como *big bag,* son una solución muy económica para la gestión de restos vegetales. Especialmente adecuados para viveros pequeños o medianos, habitualmente tienen una capacidad de 500 a 1.500 litros, son flexibles y permiten el almacenamiento temporal y el transporte eficiente de diferentes tipos de residuos.

Sacos de carga de gran capacidad

Estos sacos están fabricados principalmente con polipropileno tejido de alta resistencia, lo que les confiere durabilidad, flexibilidad y capacidad para soportar cargas pesadas. Algunos modelos incorporan materiales transpirables o mallas especiales que facilitan la circulación de aire, ayudando a mantener la calidad de los residuos almacenados y evitando la acumulación de humedad.

Su versatilidad permite que se utilicen tanto para una recolección selectiva, separando diferentes tipos de materiales, como para el almacenamiento de productos procesados, como compost o astillas. Su diseño plegable optimiza el espacio de almacenamiento cuando no están en uso.

Herramientas y accesorios manuales

Constituyen el equipo básico para el manejo diario de restos vegetales. Su selección debe priorizar la ergonomía, como mangos antideslizantes y diseños que reducen la fatiga muscular, y la durabilidad, con materiales resistentes a la humedad y los golpes, como acero inoxidable o aluminio tratado. Los más habituales son:

Carretillas	- Continúan siendo un elemento fundamental para la recogida de volúmenes pequeños de restos. Hay modelos de gran capacidad, de entre 100 y 200 litros, con ruedas neumáticas, que facilitan el transporte sobre superficies irregulares, habitualmente comunes en viveros.
Capazos y cestas	- De diferentes tamaños, permiten la recolección selectiva de materiales específicos; son especialmente útiles para separar restos de alta calidad destinados a compostaje de aquellos materiales que requieren tratamientos especiales.
Horcas	- Constituyen herramientas esenciales para la manipulación de restos vegetales, y están especialmente diseñadas para el manejo de materiales sueltos y voluminosos. Las horcas de 4-6 púas fabricadas en acero templado ofrecen la resistencia necesaria para mover grandes volúmenes de material con el mínimo esfuerzo.
Rastrillos	- Los de gran tamaño resultan indispensables para la recolección de hojas y restos pequeños dispersos por las instalaciones del vivero. Los modelos ergonómicos con mangos de longitud variable, de 100 a 150 cm, reducen la fatiga del operario y mejoran la eficiencia de recogida.

Maquinaria

Estos equipos se emplean para procesar y reducir significativamente el volumen de los restos de poda, transformándolos en material útil para compostaje o acolchado. Se pueden encontrar diferentes tipos de estas máquinas, desde modelos eléctricos más pequeños hasta equipos agrícolas de gran potencia, cada uno diseñado para triturar distintos volúmenes y tipos de material, optimizando así la gestión de los residuos de manera eficiente. En la gestión de desechos de poda se distinguen tres **tipos de máquinas,** que son:

- **Biotrituradoras.** Generalmente, las biotrituradoras son máquinas pequeñas, diseñadas para su uso en viveros de poca extensión o que generan una pequeña cantidad de residuos. Constan de una tolva por donde se introducen los restos, una zona donde se trituran y otra por donde salen expulsados. Suelen tener sistemas de corte con cuchillas o rodillos rotatorios, que convierten los desechos en pequeños trozos que pueden ser utilizados para compostaje o acolchado. Hay modelos eléctricos, ideales para trabajos más ligeros, y de motor térmico, que ofrecen más potencia y autonomía. Los sistemas de corte varían según el tipo de material que procesar. Las astilladoras con cuchillas contra cuchillas proporcionan cortes limpios ideales para material leñoso, mientras que los sistemas de martillos resultan más versátiles para materiales mixtos, pero producen un triturado menos uniforme. Existen los siguientes tipos:

  - **Motor eléctrico:** son ideales para viveros con acceso a suministro eléctrico estable, ofrecen funcionamiento silencioso, arranque inmediato y mantenimiento mínimo. Los modelos de 2,5 a 4 kW pueden procesar ramas de hasta 4-5 cm de diámetro con un rendimiento de 40 a 80 kg/h.
  - **Motor de combustión:** proporcionan mayor autonomía y potencia, permitiendo el procesamiento de materiales más voluminosos, de hasta 7-8 cm de diámetro, con un rendimiento de 80 a 180 kg/h. Su movilidad las hace especialmente adecuadas para viveros grandes donde es necesario procesar materiales en diferentes ubicaciones.

- **Trituradoras.** Las trituradoras se refieren a equipos de mayor envergadura, con una capacidad de procesamiento superior. Son aperos que se acoplan a un tractor. Están diseñadas para manejar grandes volúmenes de material. Su propósito es el mismo que las biotrituradoras: reducir el tamaño de los residuos vegetales, pero a una escala mucho mayor. Las trituradoras agrícolas son la opción más adecuada para viveros de gran tamaño. Estos equipos pueden procesar ramas de hasta 15 cm de diámetro, con una capacidad de trabajo de 200 a 500 kg/h. Hay modelos que incorporan sistemas de martillos de acero templado, especialmente diseñados para el corte y la fragmentación de material vegetal. La selección de la trituradora debe considerar tanto el tipo de residuos predominante como la potencia disponible del tractor, siendo aconsejable usar equipos de más de 50 CV para restos de poda de gran tamaño.

- ⊃ **Cribadoras.** Las cribadoras permiten separar el material triturado según su tamaño de partícula, optimizando así su aprovechamiento para compostaje, acolchado u otros usos. Existen varios tipos de cribadoras especializadas para el tratamiento de residuos vegetales, que son las siguientes:

  - ◑ **De tambor:** utilizan un cilindro rotatorio y perforado que mueve el material, permitiendo la separación precisa de fracciones. Suelen emplearse en plantas de compostaje y procesan grandes volúmenes de residuos, incluso materiales húmedos y adherentes. Estas máquinas pueden incorporar tolvas de alimentación de diferentes capacidades y cintas transportadoras para descargar las distintas fracciones. También existe la opción de integrar separadores de aire que eliminan plásticos ligeros y otras impurezas del material grueso, mejorando la calidad del producto final. También se conocen popularmente como cribadoras trómel.

  - ◑ **De estrella y discos:** utilizan ejes con elementos en forma de estrella, permitiendo una clasificación eficiente y una alta capacidad productiva (5-30 t/h). Son especialmente indicadas para compostaje, ya que pueden manejar materiales difíciles sin atascarse y adaptarse a diferentes granulometrías (3-500 mm). Además, algunas incorporan sistemas de vibración para evitar bloqueos y mejorar la productividad.

  - ◑ **Móviles:** ofrecen gran flexibilidad, permitiendo su uso en diferentes ubicaciones de una misma planta o vivero. Están disponibles en versiones eléctricas o diésel, con tamices fácilmente intercambiables y capacidades ajustables para las necesidades de cada operación. Su construcción robusta y sencilla favorece el transporte y el mantenimiento económico.

 VÍDEO

En el siguiente vídeo podrás ver el funcionamiento de una biotrituradora con motor de combustión. Accede al vídeo desde aquí:

Continúa en página siguiente >>

<< Viene de página anterior

https://redirectoronline.com/3050040205

6.4. Sistemas de almacenamiento

Las áreas designadas para la acumulación de restos de poda deben planificarse considerando tanto las necesidades operativas como los aspectos ambientales y normativos. La ubicación debe facilitar el acceso de maquinaria de transporte y procesamiento, manteniendo distancias adecuadas respecto a edificaciones y límites de propiedad.

El dimensionamiento del área de almacenamiento debe basarse en el volumen de generación de residuos y la frecuencia de procesamiento. Como norma general, se recomienda una capacidad de almacenamiento equivalente a 15 o 30 días, con previsión de espacio adicional para picos estacionales de trabajo.

Las características del terreno resultan fundamentales para evitar problemas ambientales. Se requiere superficie con buen drenaje, para evitar encharcamientos que favorezcan la fermentación de los restos, y pendientes suaves, entre el 1 y el 3 %, que faciliten la evacuación de líquidos lixiviados hacia sistemas de tratamiento apropiados.

Los almacenes techados resultan especialmente valiosos para el almacenamiento de material procesado como compost maduro o astillas para acolchado. Estas instalaciones protegen el material de la humedad excesiva y permiten mantener características de calidad durante períodos prolongados.

Para los desechos en proceso de secado, como astillas destinadas a biomasa, los cobertizos con ventilación natural aceleran la pérdida de humedad y mejoran el poder calorífico. El diseño debe incorporar aberturas regulables para el control del flujo de aire según las condiciones climáticas.

Cobertizo para almacenaje de desechos vegetales triturados

La organización de pilas de compostaje requiere consideraciones específicas de diseño para optimizar el proceso de descomposición. Las dimensiones recomendadas son de 1,5 a 2 m de altura, 2 a 3 m de anchura y longitud variable según el volumen disponible.

El sistema de aireación puede crearse mediante tuberías perforadas instaladas en la base de la pila, conectadas a ventiladores, para crear una aireación forzada. La aireación por volteo manual requiere de un espacio adicional para maniobra de equipos y acceso para maquinaria.

La infraestructura de apoyo incluye sistemas de riego para control de humedad, termómetros para monitoreo de temperatura y coberturas para protección de precipitaciones excesivas. Los sistemas de monitoreo automatizado pueden incluir sensores de temperatura, humedad y oxígeno con registro de datos.

Hay que organizar el sistema de gestión de residuos de manera que se garantice la rotación adecuada de materiales, evitando el deterioro por almacenamiento prolongado. Para ello, es necesario señalizar los materiales y llevar un registro de sus movimientos, de manera que se pueda tener una trazabilidad completa de estos.

A la hora de seleccionar los equipos, especialmente las biotrituradoras y las trituradoras, hay que tener en cuenta que deben incorporar protecciones adecuadas, sistemas de parada de emergencia y dispositivos antirretroceso para prevenir accidentes laborales.

La eficiencia energética también es relevante, tanto por costes operativos como por sostenibilidad ambiental. Los equipos eléctricos presentan eficiencias superiores al 85 %, mientras que los motores de combustión ofrecen mayor autonomía, pero eficiencias del 25 al 35 %.

 **RECUERDA**

El terreno para almacenar los restos de poda debe tener un drenaje, para prevenir encharcamientos, y es necesario que las pendientes sean suaves, entre el 1 y el 3 %, para dirigir los líquidos lixiviados hacia sistemas de tratamiento específicos.

La selección adecuada de equipos, considerando las características específicas de cada vivero, constituye la base para implementar un sistema eficiente y económicamente viable de gestión de restos de poda. La inversión en equipos apropiados se traduce en reducciones significativas de costos operativos y mejoras sustanciales en la sostenibilidad ambiental de la actividad del vivero.

7. Resumen

La poda es una técnica fundamental que se realiza en la zona aérea de la planta para eliminar partes del follaje, como ramas, hojas, flores o frutos. Los objetivos y los métodos de poda varían según el contexto, como la jardinería ornamental, la agricultura, la silvicultura o los viveros.

Las plantas que se cultivan en un vivero, cuyo destino es formar parte de una zona verde, se podan con un enfoque ornamental, estético y de mantenimiento para mejorar la forma, el tamaño y la apariencia.

En las hortícolas, el objetivo principal es lograr un mayor desarrollo de la planta, así como una mayor producción y calidad de los frutos. Busca maximizar el rendimiento económico del cultivo.

Las forestales que se cultivan en viveros se podan para que crezcan y en un futuro produzcan madera de calidad, buscando que los árboles crezcan con un tronco recto, cilíndrico y sin nudos. En los árboles frutales se pretende una gran fructificación, por lo que son tratados específicamente para tal fin.

| Ornamentales | Hortícolas | Forestales | Frutales |

Toda tarea que suponga un corte o la eliminación de parte de una planta afecta profundamente a esta, por lo que es necesario entender su estructura y su funcionamiento. Hay que conocer los procesos como la fotosíntesis y la respiración, así como el crecimiento, la senescencia y su capacidad para regenerar tejidos y curar heridas.

Existen una serie de consideraciones generales para la poda, como cortar por encima de las yemas, realizar cortes limpios y emplear herramientas adecuadas y desinfectadas. También hay que conocer las técnicas para cortar ramas de diferentes diámetros, eliminar vástagos indeseados y el proceso de cicatrización de las heridas de poda, que es el método por el cual la planta repara el tejido dañado.

Para clasificar la poda se atiende a diferentes criterios, como el objetivo (formación, mantenimiento, rejuvenecimiento, especiales) o el tipo de planta o especie.

Para realizar cualquier corte, es necesario disponer de herramientas y máquinas adecuadas, como son las tijeras de una o de dos manos, las cortasetos y los serruchos. El uso de equipos mecánicos como cortasetos a motor y motosierras son necesarios para conseguir buenos rendimientos y calidad en el trabajo.

Herramientas	Artículo 12
- Tijeras (de una mano, de fuerza, cortasetos) - Serruchos	- Motosierra - Tijera eléctrica - Cortasetos - Soplador y aspirador - Equipo multifunción

Es importante realizar una gestión eficiente de los restos vegetales de la poda, clasificando los residuos en blandos (hojas, malas hierbas) y duros (ramas leñosas, troncos). Se pueden usar para la fabricación de abono orgánico (compost) y como acolchado (*mulching*) para proteger el suelo, controlar las malas hierbas y reducir la evaporación.

Ejercicios de autoevaluación
Unidad de Aprendizaje 2

1. Indica si la siguiente oración es verdadera o falsa: "La poda en viveros incluye técnicas de formación temprana para orientar el crecimiento, además de otras tareas relacionadas con el mantenimiento, como eliminar ramas débiles, rotas o superpuestas, y podas específicas según el destino final de las plantas".

   ■ Verdadero
   ■ Falso

2. Si el objetivo principal de la poda es maximizar el rendimiento económico del cultivo incrementando la cantidad y la calidad de los frutos, ¿a qué tipo de poda nos referimos?

   a. Poda ornamental en viveros
   b. Poda silvícola
   c. Poda agrícola
   d. Poda especial

3. ¿Qué equipo o herramienta de poda se utiliza para realizar tareas de gran envergadura, como cortes de ramas gruesas?

   a. Tijeras de una mano
   b. Tijeras cortasetos y de fuerza
   c. Motosierra
   d. Cortasetos telescópico

4. ¿Qué estructuras se encuentran en la corteza de los tallos y las raíces, y facilitan el intercambio gaseoso en las plantas?

   a. Células de crecimiento
   b. Lenticelas
   c. Meristemos
   d. Células de senescencia

5. Indica si la siguiente oración es verdadera o falsa: "El crecimiento, el desarrollo y la senescencia son etapas del ciclo de vida de una planta que ocurren de forma independiente y no están interrelacionadas".

   ■ Verdadero
   ■ Falso

6. Relaciona los siguientes conceptos:

   a. Yema terminal
   b. Yema axilar
   c. Yema floral
   d. Yema vegetativa

   __ Contiene las estructuras reproductivas y dará lugar a una flor.
   __ Encargada del crecimiento en longitud del tallo principal.
   __ Se forma en la axila de las hojas y puede dar origen a ramas laterales.
   __ Desarrollará nuevas hojas o brotes.

7. ¿Cuál es el objetivo principal de la poda en plantas forestales culti-vadas en viveros?

   a. Maximizar la producción de frutos.
   b. Obtener madera de calidad con troncos rectos y sin nudos.
   c. Crear formas geométricas ornamentales.
   d. Estimular una floración abundante.

8. ¿Qué herramienta se recomienda para cortar ramas de 5-10 cm de diámetro?

   a. Tijera de una mano
   b. Tijera eléctrica
   c. Serrucho
   d. Cortasetos

9. **Relaciona los siguientes conceptos:**

    a. Poda de formación
    b. Poda de mantenimiento
    c. Poda de fructificación
    d. Poda especial

    __ Elimina ramas secas, enfermas o brotes indeseados para mantener la estructura.
    __ Define la estructura inicial en plantas jóvenes.
    __ Crea formas artísticas o geométricas.
    __ Regula la producción de frutos para mejorar su calidad y tamaño.

10. **Completa los espacios en blanco de la siguiente oración:**

"Hay distintos tipos de _____ según tengan la hoja recta o curva, y según el tipo de afilado, _____ o japonés. El japonés posee una línea _____ de dientes cruzados. Con el serrucho se pueden cortar ramas de entre _____ cm de diámetro, dependiendo del tamaño y la longitud de la hoja".

Maquinaria, útiles, accesorios y herramientas

Contenido

Objetivos

Los objetivos específicos de esta Unidad de Aprendizaje son:

→ Conocer las máquinas, las herramientas y los útiles propios del mantenimiento del suelo y/o cultivo.

→ Realizar correctamente las tareas de limpieza y mantenimiento de las instalaciones, los equipos y las herramientas utilizados.

→ Describir los equipos, los accesorios, las herramientas y los útiles utilizados en el taller de reparaciones y mantenimiento de maquinaria.

1. Introducción

En un vivero o centro de jardinería, la planificación de las labores de cultivo depende de la disponibilidad y el buen estado de la maquinaria, las herramientas y los accesorios necesarios.

El conocimiento detallado de cada uno de estos elementos, incluyendo sus componentes y sus aplicaciones específicas, es fundamental para optimizar los procesos productivos, garantizar la eficiencia de las tareas y asegurar la seguridad del personal.

El uso adecuado de estos recursos permite abordar tanto trabajos complejos, que requieren equipos especializados, como labores más sencillas. Para asegurar una gestión correcta de los equipos, es necesario un mantenimiento riguroso.

Hay una serie de herramientas manuales que son indispensables para el cuidado de las plantas. Estos utensilios, a pesar de su simplicidad, son fundamentales para la eficiencia y la calidad del trabajo.

Existe una gran diversidad de máquinas diseñadas especialmente para realizar determinadas tareas, como la motosierra, el cortasetos o la tijera eléctrica.

El trabajo del suelo y el control de malas hierbas se lleva a cabo con el motocultor y la motoazada. Por otra parte, la desbrozadora se utiliza para el control mecánico de maleza en zonas de difícil acceso.

Para recoger los restos de poda, así como para la limpieza en el vivero, se utilizan sopladoras y aspiradoras. La aplicación de productos fitosanitarios se realiza con las pulverizadoras, y para la fertilización se emplean abonadoras.

Un equipo muy versátil es el equipo multifunción, que consiste en una unidad motriz a la que se le pueden acoplar diferentes accesorios, como cortasetos, motosierra o desbrozadora. Este sistema simplifica el mantenimiento y reduce costes al centralizar la fuente de energía.

En su vivero, Jorge dispone de una gran cantidad de maquinaria, útiles, accesorios y herramientas, ya que son imprescindibles para poder realizar todas las operaciones culturales para el mantenimiento de suelos y cultivos. También ha diseñado un programa de mantenimiento para conseguir que todos los elementos estén siempre en perfectas condiciones de uso.

2. Tipos, componentes y uso de pequeña maquinaria y equipos utilizados en las operaciones culturales de los cultivos

☞ **HILO CONDUCTOR**

Jorge, consciente de la importancia de disponer de maquinaria y equipos adecuados para realizar las distintas tareas en su vivero, ha decidido hacer una comparativa de diferentes máquinas y herramientas, todas profesionales, y así escoger las más adecuadas para sus cultivos.

Para llevar a cabo las operaciones culturales de los cultivos es necesario disponer de medios materiales, que incluyen maquinaria, herramientas y otros útiles o accesorios. Es necesario que todo lo que se use tenga un correcto funcionamiento y que sea manejado por personal competente.

La planificación de las labores culturales de cultivo depende, en gran medida, del buen estado y de la disponibilidad de uso de los equipos, ya que en los trabajos que se realizan en un vivero intervienen muchas variables, desde el tipo de maquinaria idónea para realizar determinada tarea hasta la climatología de cada momento.

Dentro de las tareas que hay que ejecutar existen distintos niveles de mecanización y automatización. Hay labores complejas, para cuya ejecución es necesario emplear equipos especiales que, además, deben ser manejados por personal muy cualificado, mientras que existen otras que se realizan con una gran facilidad, de una manera amena y con unas máquinas o herramientas muy simples.

Teniendo en cuenta que el uso de maquinaria tiene un papel fundamental, es muy necesario llevar un correcto mantenimiento de ella, tanto de forma preventiva, para evitar su deterioro, como correctiva, arreglando las posibles averías que pudieran surgir.

Una vez que el equipo ya ha cumplido su vida útil, o debido al aumento del volumen de trabajo, hay que plantearse renovarlo, para lo cual hay que estudiar detenidamente las necesidades reales, la oferta del mercado y las condiciones de adquisición.

2.1. Maquinaria

La pequeña maquinaria, empleada en las operaciones culturales de los cultivos, constituye un recurso esencial para optimizar tiempos, mejorar la precisión de las labores y reducir el esfuerzo físico del personal.

Estos elementos se caracterizan por su tamaño compacto, su versatilidad y su capacidad para adaptarse a tareas específicas dentro del entorno del vivero.

Suele estar diseñada para ser operada de forma manual. Su principal ventaja reside en la capacidad de acceder a espacios confinados o a cultivos en marcos de plantación estrechos, donde la maquinaria convencional no puede actuar, permitiendo realizar labores con un alto grado de selectividad y cuidado.

Su manejo es, en la mayoría de los casos, mucho más sencillo que el de equipos de mayor envergadura, aunque requiere igualmente de personal debidamente formado que conozca no solo su funcionamiento, sino también los ajustes necesarios para adaptar la labor a las condiciones variables del cultivo, asegurando así la eficacia de la operación y la seguridad durante su uso.

Sus componentes exigen una atención meticulosa y una limpieza exhaustiva después de cada uso para preservar su funcionalidad y su precisión a largo plazo.

 VÍDEO

En algunos viveros disponen de máquinas específicas para trabajar con árboles de gran envergadura. En el siguiente vídeo puedes ver el funcionamiento de una trasplantadora. Accede desde aquí:

https://redirectoronline.com/3050040301

[151]

Motosierra

En los viveros y centros de jardinería, la **motosierra** se emplea para la poda y también para eliminar tocones de árboles. Es una máquina precisa y potente que permite realizar estas tareas de forma rápida y eficiente. Su uso está restringido a labores de gran envergadura, ya que para las podas de ramas finas o la formación de plantas jóvenes se utilizan otras herramientas más precisas, como sierras de mano o tijeras.

Fuera del vivero, las motosierras tienen un abanico de usos mucho más amplio. En el sector **forestal,** son la herramienta principal para la tala y el desramado de árboles, así como para la elaboración de la madera. En la **construcción y la carpintería,** por su parte, se usan para cortar vigas, preparar postes o incluso para trabajos artísticos de **talla de madera** donde se requieren cortes profundos y rápidos. También son imprescindibles en trabajos de **jardinería** para la poda de árboles ornamentales o de setos muy grandes, con los troncos gruesos.

Una motosierra es básicamente una cadena con dientes que gira a gran velocidad impulsada por un motor que puede ser de combustión o eléctrico. El primero funciona con gasolina. En el caso del eléctrico, la energía la proporciona una batería que va acoplada a la máquina.

También existen modelos de motosierras eléctricas conectadas a la red mediante un cable, aunque este tipo de máquinas no son muy adecuadas para uso profesional debido a su poca potencia y a la dependencia del cable.

 RECUERDA

En viveros y centros de jardinería, la utilización de la motosierra se limita a tareas de envergadura, ya que para podar ramas finas o dar forma a plantas jóvenes se usan otras herramientas manuales como tijeras o serruchos.

Pueden clasificarse, según su tamaño, su potencia y la longitud de espada, en modelos ligeros y de baja potencia, con espadas cortas, de 20 a 35 cm, para pequeñas podas y trabajos precisos; modelos medios, con espadas de 35 a 45 cm, y modelos profesionales o forestales, que tienen una gran potencia y espadas largas, de más de 45 cm, para tala y cortes de gran envergadura.

Los **componentes** principales de la motosierra con motor de combustión son:

- **Motor.** El motor de combustión funciona con una mezcla de gasolina y aceite. En el caso de las de motor eléctrico, las baterías van incorporadas a la máquina para proporcionar la energía que necesita.
- **Sistema de arranque o encendido/apagado.** Los modelos con motor eléctrico tienen un interruptor y los de combustión tienen un tirador de arranque, un dispositivo que aloja una cuerda o cable, con un mango, del que se tira manualmente para activar el motor de la máquina.
- **Embrague.** Conecta el motor con el sistema de corte. Cuando el motor acelera, el embrague se activa y la cadena comienza a girar. Cuando el motor está al ralentí, el embrague se desacopla y la cadena se detiene, garantizando la seguridad.
- **Sistema de corte.** Es la parte que realiza el trabajo. Se compone de la espada o barra guía, que es una pieza de metal larga y plana, y la cadena de corte, que está unida a la barra y tiene dientes afilados que cortan la madera. Hay espadas diseñadas especialmente para podar, más estrechas por la punta para poder acceder bien a todas las ramas, que se conocen como *carving*.
- **Freno de cadena.** Es un mecanismo de seguridad crucial. Se acciona manualmente (o a veces automáticamente en caso de retroceso) y detiene la cadena instantáneamente, evitando accidentes graves. Es una pieza que revisamos siempre antes de empezar a trabajar.
- **Depósitos.** Tienen dos depósitos: uno para la mezcla de gasolina y aceite (en las de combustión) y otro para el aceite de lubricación de la cadena de corte. Es vital no confundirlos y usar la mezcla correcta para evitar daños al motor.
- **Sistema de agarre.** Incluye el mango trasero (con el gatillo del acelerador) y el mango delantero, diseñado para un agarre firme y seguro con las dos manos.

 **DEFINICIÓN**

Ralentí
Es la velocidad mínima a la que el motor de la motosierra funciona por sí solo. En este estado, el motor está encendido, pero el embrague no conecta, lo que hace que la cadena permanezca detenida para garantizar la seguridad.

Cadena de corte sobre espada de motosierra

En el mercado existen modelos conocidos como motosierras de poda, con un diseño especial en cuanto al sistema de agarre y el tamaño y la forma de la espada de corte.

Las **motosierras eléctricas** comparten la misma función y muchos componentes con las de motor de combustión, pero su **funcionamiento interno es más sencillo y limpio.** A diferencia de las de gasolina, no necesitan depósitos de combustible ni un embrague complejo. Hay piezas que son exclusivas de este tipo de máquinas y las diferencian de las de motor de combustión, como es el caso de:

Motor eléctrico
- Es el corazón de la máquina y la principal diferencia. No usa gasolina ni aceite de mezcla, sino que funciona con electricidad. Podemos encontrar dos tipos: los modelos con cable, que se conectan directamente a la corriente, y los de batería, que ofrecen más libertad de movimiento.

Interruptor de encendido/apagado
- En lugar de un sistema de arranque por tirador y un gatillo de aceleración, las motosierras eléctricas tienen un simple interruptor o gatillo que, al accionarlo, suministra energía al motor para que este empiece a girar. La velocidad de la cadena suele ser fija o se regula con la presión del gatillo, dependiendo del modelo.

Continúa en página siguiente >>

<< Viene de página anterior

> **Batería**
> - La batería es el componente que sustituye al motor de combustión y al depósito de combustible en las motosierras eléctricas sin cable. Es una fuente de energía portátil que almacena la electricidad necesaria para hacer funcionar el motor. Estas baterías suelen ser de iones de litio (Li-ion), una tecnología que ofrece una buena relación entre peso, potencia y durabilidad. Su capacidad se mide en voltios (V) y amperios-hora (Ah), y a mayores valores, más potencia y mayor tiempo de uso. Se coloca en la máquina, en un compartimento específicamente diseñado para garantizar una conexión eléctrica segura y un ajuste firme que evite que la batería se suelte durante el trabajo.

 CONSEJO

Cuando se trabaja con máquina de motor eléctrico, ya sea una motosierra, un cortasetos, etc., siempre se deben llevar dos baterías para garantizar que, en caso de que una se agote, se pueda utilizar la otra.

Indistintamente del tipo de motor que tengan, mientras la cadena de corte gira, es fundamental que esté **lubricada.** Para eso, todas tienen la **bomba de aceite** automática que, impulsada por el motor, va soltando gotas en la espada. Este aceite reduce la fricción, evitando que se sobrecalienten, se desgasten y se rompan.

 ACTIVIDAD COMPLEMENTARIA

1. Analiza las siguientes web y responde a la siguiente pregunta. ¿Qué ventajas e inconvenientes tienen las máquinas con motor eléctrico, de batería, frente a las que usan gasolina?

Continúa en página siguiente >>

<< Viene de página anterior

Ventajas de trabajar con maquinaria a batería

https://redirectoronline.com/3050040302

Desbrozadoras a gasolina y a batería

https://redirectoronline.com/3050040303

Tijera eléctrica

En los viveros y los centros de jardinería, la tijera eléctrica se emplea principalmente para la poda de arbustos, setos y ramas de tamaño medio, así como para dar forma a plantas jóvenes de manera más precisa y rápida que con herramientas manuales.

Es una máquina ligera y práctica que permite realizar cortes limpios y uniformes, reduciendo el esfuerzo físico del operario. Su uso es fundamental en tareas de mantenimiento cotidiano en las que se busca eficiencia y calidad en el corte sin necesidad de recurrir a máquinas de mayor envergadura como motosierras.

Este tipo de tijeras también tienen gran utilidad en la jardinería ornamental y en la viticultura, donde se valoran su precisión y su rapidez para podar viñas, rosales, frutales y todo tipo de arbustos. En la agricultura intensiva son esenciales para agilizar los ciclos de poda y reducir el cansancio del trabajador durante largas jornadas.

Además, en la formación de arbolado joven, permiten cortes limpios que favorecen la cicatrización de las ramas, lo que mejora el desarrollo vegetal. En trabajos de jardinería urbana, son imprescindibles para mantener parques, setos y arbolado ornamental en buen estado. En todos estos ámbitos, su ligereza y su seguridad las convierten en una de las herramientas de corte más importantes para el día a día.

Una tijera eléctrica es básicamente un sistema de **cuchillas móviles, impulsadas por un motor eléctrico,** que se alimenta de una batería recargable. Esta batería puede ir insertada en la máquina como una pieza más o colocada en la espalda de la persona que la porta mediante un pequeño arnés y conectada a la tijera por un cable. En este último caso, se las conoce popularmente como baterías de mochila.

Tijera eléctrica para poda con batería incorporada

Pueden clasificarse, según su capacidad de corte y su potencia, en modelos ligeros, pensados para ramas de hasta 25 mm de diámetro, ideales para pequeñas plantas hortícolas y pequeños arbustos; modelos intermedios, aptos para ramas de 25 a 35 mm, utilizados sobre todo en frutales, y modelos de gran potencia, que pueden cortar ramas de más de 40 mm de grosor.

Los **componentes** principales de la tijera eléctrica son:

- **Motor eléctrico.** Impulsa el movimiento de las cuchillas y obtiene energía de una batería recargable de litio. En algunos modelos, esta batería se integra en el propio mango de la herramienta, mientras que en otros se conecta mediante un cable a una batería externa que lleva el operario en un arnés o mochila.

- **Sistema de encendido/apagado.** Dispone de un interruptor de arranque y, en muchos casos, de un sistema de seguridad que evita el accionamiento accidental. Algunos modelos requieren una doble pulsación o el desbloqueo previo de un seguro antes de poder accionar las cuchillas.
- **Sistema de corte.** Está compuesto por dos cuchillas, una fija y otra móvil, que realizan un movimiento de apertura y cierre impulsadas por el motor. Las cuchillas, de acero endurecido, deben mantenerse bien afiladas y limpias para asegurar cortes limpios y evitar daños a la planta. Dependiendo del modelo, las cuchillas pueden variar en tamaño y diseño, permitiendo cortes más o menos gruesos.
- **Batería.** Es un elemento esencial, ya que determina la autonomía de trabajo. Las baterías de litio modernas ofrecen varias horas de uso continuo y pueden recargarse en pocas horas. Algunos modelos incorporan indicadores de carga para controlar el nivel de energía disponible.
- **Sistema de agarre.** El mango está diseñado ergonómicamente para un uso prolongado sin fatiga, con recubrimientos antideslizantes que mejoran la seguridad. En los modelos de uso profesional, el gatillo de accionamiento es sensible a la presión, lo que permite controlar la apertura de las cuchillas en función de la intensidad con la que se presiona.

En el mercado existe una amplia gama de modelos. Algunos cuentan con cuchillas intercambiables, sistemas de engrase automático y diseños adaptados a especies concretas como, por ejemplo, la vid, lo que las convierte en herramientas versátiles y especializadas para el trabajo en viveros y centros de jardinería.

Cortasetos

El cortasetos se utiliza principalmente para la poda de formación y el mantenimiento regular de plantas destinadas a crear setos, figuras topiarias y arbustos de porte compacto.

Permite dar forma precisa y homogénea a ejemplares de producción, preparar las plantas antes de su venta, controlar el crecimiento para favorecer la ramificación y asegurar una apariencia uniforme que responda a las demandas del cliente. Su uso contribuye a mejorar la presentación comercial de las plantas y optimizar los procesos productivos en el vivero.

Estas máquinas se utilizan en otros ámbitos, como la jardinería profesional y particular, en parques urbanos, en el acondicionamiento de jardines residenciales y públicos, y en el mantenimiento de barreras vegetales en carreteras o propiedades privadas.

En todos estos entornos, la función principal es preservar la forma y la vitalidad de los setos y los arbustos, facilitando cortes rápidos y precisos tanto en trabajos de mantenimiento rutinario como en podas de rectificación o formación inicial.

Los cortasetos pueden ser de cuchilla simple o cuchilla doble. Los primeros cuentan con una hoja móvil que se desplaza sobre otra fija, siendo más ligeros y generando menos vibración, adecuados para cortes en vegetación fina y trabajos prolongados.

Los de cuchilla doble tienen dos hojas móviles que se deslizan en sentido opuesto, lo que permite cortes más rápidos, precisos y con menos esfuerzo; son los más utilizados en viveros por la uniformidad y la calidad del corte.

Cortasetos eléctrico de cuchilla doble

Además, la separación entre los dientes, conocida como paso de cuchilla, influye en el tipo de vegetación que se puede cortar: un paso reducido es adecuado para trabajos delicados y cortes de ramas finas, uno intermedio se usa para setos de densidad media y un paso muy amplio, para ramas más gruesas.

La longitud de la barra de corte varía según la marca y el modelo. Hay **cuchillas cortas,** de 30 a 40 cm, que ofrecen mayor maniobrabilidad y control. Son muy útiles para una **poda de precisión y para formar figuras topiarias.** También son muy aptas para trabajar en espacios reducidos.

Las cuchillas de longitud media, de 45 a 60 cm, equilibran velocidad y control, siendo las más comunes para el mantenimiento general. Las cuchillas largas, de más de 60 cm, ofrecen un mayor alcance y permiten cubrir más superficie en menos tiempo. Se recomiendan para podar plantas altas.

Los principales **componentes** del cortasetos son:

Motor
- Puede ser de combustión (generalmente gasolina) o eléctrico (con cable o batería), y proporciona la energía necesaria para accionar el sistema de corte.

Sistema de arranque o encendido/apagado
- Los modelos con motor de combustión tienen un tirador de arranque y los eléctricos, un interruptor.

Cuchillas
- Son el elemento cortante, dispuestas en una barra y equipadas con dientes alternos que se mueven en sentido contrario para realizar cortes limpios y eficientes sobre ramas y brotes.

Empuñadura
- Permite el manejo seguro y cómodo de la máquina, a menudo con sistemas que amortiguan las vibraciones para proteger al usuario.

Protector de manos
- Dispositivo de seguridad que resguarda la mano del operario frente a posibles tropiezos con las ramas y reduce riesgos de accidentes.

Sistema de transmisión
- Conjunto de mecanismos que trasladan la energía del motor hacia las cuchillas, asegurando su movimiento alterno.

Al igual que sucede con la mayoría de las otras máquinas empleadas en viveros, existen cortasetos eléctricos (tanto con batería como con cable) que se diferencian de los de motor de combustión por su fuente de energía, siendo en general más ligeros y silenciosos, pero manteniendo el mismo principio operativo.

Motocultor y motoazada

Un motocultor y una motoazada son, básicamente, máquinas impulsadas por un motor, que puede ser de combustión o eléctrico, que hace girar una serie de cuchillas o fresas para remover la tierra. Aunque comparten la misma función principal, se distinguen por su estructura.

El motocultor tiene un motor y un eje de transmisión, una caja de cambios, dos ruedas motrices de gran tamaño y unos brazos de agarre (manillar) que permiten controlar la dirección. En la parte trasera se pueden acoplar diferentes aperos, como **distintos tipos de arados, segadoras para cultivos, desbrozadoras para maleza** o incluso pequeños **remolques.**

La profundidad habitual de trabajo de un motocultor, de gran potencia, es normalmente entre 15 y 30 cm, según el modelo y la configuración de sus fresas. Los más robustos y profesionales pueden llegar a trabajar hasta 50 cm de profundidad.

La motoazada, en cambio, es una máquina más sencilla. Las cuchillas que se mueven para arar la tierra, llamadas fresas, son las que impulsan la máquina hacia delante, por lo que no tiene ruedas con tracción. En ocasiones, algunos modelos tienen una, de pequeño tamaño, en la parte delantera o trasera, que se usa para trasladar la máquina de un lado a otro, pero siendo empujada por el operario. Esta máquina no es muy adecuada para terrenos muy grandes o con suelos muy compactados.

Tanto en motocultores como en motoazadas hay modelos con motor eléctrico o de combustión.

 **RECUERDA**

El motocultor tiene dos ruedas con tracción, mientras que la motoazada avanza mediante el movimiento de las cuchillas o fresas.

El abanico de usos de los motocultores y las motoazadas es muy amplio. En la agricultura y la jardinería profesional, son los principales equipos para la preparación del terreno antes de la siembra.

Los **componentes** principales de un motocultor y una motoazada son:

- **Motor.** Pueden funcionar con motores de combustión de cuatro tiempos o con motores eléctricos con batería.
- **Embrague.** Conecta el motor con el sistema de transmisión. Al accionarlo, se transfiere la potencia del motor a las ruedas o a las fresas. En motocultores, también se utiliza para cambiar de marcha.
- **Sistema de arranque o encendido/apagado.** Los modelos con motor de combustión tienen un tirador de arranque y los eléctricos, un interruptor.

⊃ **Toma de fuerza.** En los motocultores, la toma de fuerza es la parte donde se conecta cualquiera de los múltiples accesorios que se pueden colocar, como desbrozadoras, surcadores, distintos tipos de arados y cuchillas, segadoras para cosechas agrícolas, etc. En las motoazadas, el eje de trabajo gira sobre sí mismo, portando las cuchillas o las fresas.

⊃ **Manillar.** Incluyen los brazos de agarre o manillar y los controles principales, como el acelerador y las palancas de embrague. Permiten dirigir la máquina con seguridad y ergonomía.

⊃ **Transmisión.** En el caso de los motocultores, es el conjunto de mecanismos que trasladan la energía del motor hacia el apero mediante la toma de fuerza. En las motoazadas, se transmite directamente al eje de trabajo.

⊃ **Depósitos.** Tienen dos depósitos: uno para la gasolina y otro para el aceite del motor. Es fundamental revisarlos y mantenerlos con el nivel adecuado para el correcto funcionamiento de la máquina.

Desbrozadora

En un vivero o centro de jardinería, cuando se ejecutan las **operaciones culturales de los cultivos,** se utiliza la desbrozadora para el **control mecánico de malas hierbas,** sobre todo en zonas donde no es posible acceder con maquinaria de mayor tamaño, como pasillos estrechos, espacios entre macetas o márgenes de parcelas.

Permite mantener libres de hierbas las áreas de producción, evitando que estas compitan por nutrientes, agua y luz con las plantas cultivadas. También se emplea para perfilar el contorno de los bancales y evitar la competencia de vegetación espontánea que pueda interferir en el crecimiento o afectar a la sanidad del cultivo.

Las desbrozadoras se clasifican, según su estructura, en tres tipos principales: de mochila, de barra fija y de ruedas.

Las de mochila llevan el motor sujeto a un arnés que se coloca en la espalda de la persona que la porta. Permite una gran libertad de movimiento y comodidad en terrenos irregulares o extensos. Es adecuada para vegetación ligera y de poca consistencia.

Las de barra fija tienen el motor en el extremo de una barra larga y en el otro extremo el cabezal de corte. Muy adecuadas para trabajos de mayor envergadura que las de mochila.

Desbrozadora de barra fija

Las **desbrozadoras de ruedas con neumáticos, muy parecidas a una cortacésped,** ofrecen mayor estabilidad y eficiencia en superficies planas o con vegetación densa, reduciendo el esfuerzo. Cada tipo se adapta a distintas necesidades de manejo y terreno.

Fuera del entorno viverista, la desbrozadora se utiliza ampliamente en jardinería, mantenimiento de parques y zonas verdes, limpieza de cunetas, márgenes de carreteras y caminos rurales, así como en trabajos forestales ligeros. En estos casos, su función abarca desde el desbroce de hierba alta y matorral hasta el corte de pequeños rebrotes leñosos, siendo una herramienta versátil para acondicionamiento y trabajos de mantenimiento en superficies irregulares o de difícil acceso.

Los **componentes** principales de la desbrozadora son:

- ⮑ **Motor.** Puede ser de combustión interna (gasolina) o eléctrico; es el responsable de generar la energía que pone en funcionamiento el sistema de corte.
- ⮑ **Sistema de arranque o encendido/apagado.** Dispositivo que permite poner en funcionamiento o detener la máquina de forma segura y rápida. Puede ser un interruptor, un pulsador o un tirador de arranque, según el tipo de motor.
- ⮑ **Transmisión.** Conjunto de eje rígido o flexible y engranajes que transmite la fuerza del motor hasta el cabezal de corte.
- ⮑ **Empuñaduras o manillar.** Diseñadas para un manejo seguro y preciso; pueden ser tipo asa circular o doble manillar, según el tipo de tarea y la ergonomía requerida. En las empuñaduras hay controles de encendido y parada que permiten iniciar y detener el motor con rapidez y seguridad.
- ⮑ **Cabezal de corte.** Puede estar equipado con hilo de nailon para hierba blanda o con discos y cuchillas metálicas para vegetación más densa y leñosa.

◯ **Protector del cabezal.** Pantalla que cubre parcialmente el área de corte para evitar proyecciones de material hacia el operario.

◯ **Arnés o sistema de sujeción.** Facilita la comodidad y la estabilidad durante el trabajo, distribuyendo el peso de la máquina.

Sopladora y aspiradora

La sopladora y la aspiradora se utilizan para la **limpieza y la recogida de restos vegetales** tras labores como la poda, el deshojado o el aclareo. Estas máquinas permiten eliminar rápidamente hojas, flores secas, ramillas y otros residuos, manteniendo libres de obstáculos los pasillos, las zonas de trabajo y las áreas de exposición.

La limpieza regular no solo mejora la imagen del vivero, sino que también contribuye a prevenir la proliferación de plagas y enfermedades, evitando la acumulación de material vegetal en descomposición. En fases de preparación para la venta o el envío de las plantas, su uso agiliza las tareas y reduce el esfuerzo manual.

Fuera del ámbito viverista, estas máquinas se aplican en el **mantenimiento de jardines, parques, instalaciones deportivas y vías públicas,** así como en trabajos de limpieza en zonas forestales o rurales.

Hay tres modelos distintos: unos que únicamente soplan, otros que solo aspiran y los que utilizan ambos sistemas, en los que se invierte el funcionamiento del ventilador, pasando de expulsar aire a absorberlo, y se cambia el tubo de expulsión por otro más ancho, que sirve para aspirar los restos vegetales.

Aspiradora para recogida de restos vegetales

Las sopladoras y las aspiradoras tienen los siguientes **componentes:**

- **Motor.** Puede ser de combustión (gasolina) o eléctrico; suministra la energía que acciona el ventilador.
- **Ventilador o turbina.** Genera el flujo de aire a presión para soplar o aspirar, según la función seleccionada.
- **Tubo de soplado/aspiración.** Conducto por el que circula el aire impulsando o recogiendo los residuos.
- **Bolsa recolectora.** Cuando está en modo aspiración, es el contenedor donde se almacena el material aspirado.
- **Empuñaduras.** Diseñadas para ofrecer un manejo seguro y ergonómico, en ocasiones con sistemas antivibración.
- **Protector o carcasa del ventilador.** Cubre el mecanismo interno para evitar el acceso de objetos o del propio usuario a las aspas.
- **Sistema de control.** Interruptores o gatillos que permiten regular la potencia y activar el modo soplador o aspirador.
- **Sistema de arranque o encendido/apagado.** Dispositivo que permite poner en funcionamiento o detener la máquina de forma segura y rápida; puede ser un interruptor, un pulsador o un tirador de arranque, según el tipo de motor.
- **Arnés o sistema de sujeción.** Lo tienen los modelos más pesados para facilitar su transporte y reducir la fatiga.

Pulverizadora

Dentro de las operaciones culturales de los cultivos, la pulverizadora se emplea para la **aplicación de tratamientos fitosanitarios** (insecticidas, fungicidas, etc.) y fertilizantes foliares. Su principal beneficio es que asegura una cobertura uniforme del producto sobre todas las partes de la planta.

También se emplea para desinfectar bandejas, mesas de cultivo o áreas de trabajo, contribuyendo a mantener un entorno sanitario óptimo y reduciendo el riesgo de infecciones.

Se conocen como **atomizadoras o nebulizadoras** a un tipo de pulverizadoras que llevan un ventilador incorporado, el cual genera una corriente de aire, con lo que se consigue que las gotas expulsadas sean muy finas, semejantes a la niebla.

En función de su capacidad y de su sistema de traslado o movimiento, las pulverizadoras pueden clasificarse en:

De mano
- Son pulverizadores portátiles de pequeña capacidad, con depósitos de 1 a 5 litros, de accionamiento manual o con batería recargable. Se utilizan para aplicaciones puntuales o muy localizadas, como tratamientos en semilleros, plantas en macetas o trabajos de interior.

De mochila
- Pueden ser manuales o motorizadas. Con capacidades que suelen ir de 12 a 20 litros, se cargan sobre la espalda del operario mediante arneses. Son muy utilizadas en viveros para tratamientos localizados o en zonas de difícil acceso, ofreciendo gran maniobrabilidad. Pueden ser accionadas manualmente mediante una palanca o incorporar un pequeño motor eléctrico o de combustión que acciona la bomba.

De carretilla
- Montadas sobre un chasis con ruedas, con depósito de entre 25 y 100 litros, son ideales para superficies medianas. Se desplazan empujándolas de forma manual, como una carretilla, o mediante un sistema de tracción incorporado (autopropulsadas), lo que reduce el esfuerzo del operario. Facilitan el trabajo continuado al tener mayor cantidad de líquido que las de mochila.

De remolque
- Equipos de gran capacidad, desde 200 y hasta 3.000 litros, que están diseñados para ser arrastrados por un tractor o vehículo similar. Se usan en viveros de grandes dimensiones y en explotaciones agrícolas para tratamientos en amplias superficies, pudiendo incorporar barras pulverizadoras o mangueras de largo alcance.

Autopropulsadas
- Son máquinas agrícolas diseñadas específicamente para aplicar productos fitosanitarios y fertilizantes. Cuentan con su propio motor y sistema de tracción, lo que les permite desplazarse de forma autónoma por la zona de trabajo, sin necesidad de ser remolcadas por un tractor. Llevan depósitos de 1.500 a 12.000 litros, y avanzan a una velocidad de trabajo de 5 a 12 km/h. Incluyen barras extensibles, con múltiples boquillas, para cubrir amplias franjas de terreno.

Fuera del ámbito viverista, las pulverizadoras se utilizan en **agricultura, horticultura y jardinería** para proteger diferentes tipos de cultivos, zonas verdes y arbolado urbano.

Su capacidad para dosificar y distribuir soluciones líquidas de forma homogénea las hace indispensables tanto en tratamientos preventivos como curativos, así como en tareas de control de malas hierbas o desinfección en instalaciones agrícolas y ganaderas.

⊕ PARA SABER MÁS

En el mercado hay una gran cantidad de pulverizadoras. En la siguiente web podrá conocer los distintos tipos que hay, así como escoger la más adecuada dependiendo del trabajo que haya que realizar. Accede desde aquí:

https://redirectoronline.com/3050040304

Los **componentes** principales de la pulverizadora son:

- **Depósito o tanque.** Contenedor donde se almacena el líquido que pulverizar, normalmente fabricado en materiales resistentes a productos químicos.
- **Bomba.** Genera la presión necesaria para expulsar el líquido, que puede ser de pistón, membrana o centrífuga, según el modelo.
- **Motor.** Hay modelos de combustión (motor de gasolina) o eléctricos. Su función es accionar la bomba para mantener la presión de trabajo adecuada.
- **Manguera y lanza o pistola de aplicación.** Conducen el líquido desde el depósito hasta la boquilla de salida, permitiendo dirigir el chorro hacia el objetivo.
- **Boquillas o difusores.** Regulan la forma y el caudal del pulverizado, adaptándose al tipo de tratamiento y de cultivo.
- **Filtro.** Retiene impurezas para evitar obstrucciones en las boquillas y prolongar la vida útil del equipo.
- **Sistema de control.** Manetas, gatillos o válvulas para regular la presión, abrir o cerrar el paso de la mezcla y seleccionar modos de aplicación.
- **Sistema de arranque.** Dispositivo que permite iniciar o detener el funcionamiento de la bomba o el motor con seguridad y rapidez.
- **Arnés o bastidor de sujeción.** En modelos de mochila o portátiles, reparte el peso para mayor comodidad de la persona que lo lleva.
- **Protector del operario.** Pantallas o cubiertas para evitar salpicaduras y contacto accidental con el producto.

Algunos modelos incluyen un **sistema de agitación que mueve constantemente el caldo fitosanitario** para mantener una mezcla homogénea de este.

Abonadora

La abonadora permite la **aplicación homogénea y controlada de fertilizantes** sobre las plantas, los bancales, los sustratos o las parcelas de producción. Pueden usarse abonos en forma granulada, en polvo o incluso líquidos.

Su utilización facilita el aporte preciso de nutrientes, mejorando el crecimiento y el desarrollo de las especies cultivadas al evitar excesos o carencias localizadas y reduciendo el esfuerzo manual. La abonadora es especialmente útil para trabajos en superficies extensas de macetas, bandejas de semillero, caballones o áreas de campo abierto dentro del vivero.

Más allá del ámbito viverista, la abonadora resulta imprescindible en **agricultura, horticultura, jardines de gran tamaño, áreas verdes urbanas, campos deportivos y explotaciones agropecuarias,** donde es fundamental asegurar una distribución eficiente de abonos y correctores minerales tanto en cultivos herbáceos como leñosos, céspedes u ornamentales.

Los **componentes** principales de la abonadora son:

- ⮱ **Tolva o depósito:** recipiente donde se almacena el fertilizante, fabricado en materiales resistentes a la corrosión.
- ⮱ **Sistema dosificador:** mecanismo que regula la cantidad de abono que sale de la tolva, asegurando una aplicación precisa y ajustable.
- ⮱ **Distribuidor:** dispositivo (placa, disco rotatorio, rodillo, tubos) que esparce o deposita el fertilizante de acuerdo con el tipo de abonadora.
- ⮱ **Motor:** puede ser de combustión (gasolina) o eléctrico; en los modelos manuales la energía la aporta el propio operario. En las versiones motorizadas, el motor acciona tanto el sistema dosificador como el distribuidor.
- ⮱ **Sistema de transmisión:** transfiere la energía del motor a los elementos de dosificación y distribución.
- ⮱ **Sistema de control:** palancas, válvulas o mandos que permiten regular el caudal, la abertura del dosificador y el inicio/paro de la aplicación.
- ⮱ **Sistema de arranque o encendido/apagado:** interruptor, pulsador o tirador que activa el motor o los sistemas eléctricos de la máquina.
- ⮱ **Estructura soporte y ruedas:** en modelos móviles, permite el desplazamiento seguro sobre el terreno.
- ⮱ **Arnés o mecanismo de transporte:** en versiones portátiles, ayuda a cargar la máquina sobre la espalda o el hombro para el trabajo manual.

◗ **Protecciones o carcasas:** cubren los mecanismos móviles y protegen al operario del contacto con el material o el polvo.

Las abonadoras pueden clasificarse según tres criterios principales: el **tipo de funcionamiento del dosificador,** su **sistema de traslado o movimiento** y su **capacidad.**

Según el dosificador

- **Centrífugas:** son también conocidas como de disco. Distribuyen el abono de forma radial mediante uno o varios discos giratorios. Son ideales para cubrir grandes superficies de manera uniforme.
- **Pendulares:** se las llama popularmente dosificador de cinta. El abono se va expulsando por gravedad sobre una cinta o en un tubo oscilante que reparte el producto en una franja.
- **De hilera:** el fertilizante se dosifica y deposita justo al pie de las plantas o en hileras concretas, apropiadas para plantaciones lineales o maceteros grandes.
- **Neumáticas:** utilizan el flujo de aire para distribuir el abono, logrando gran uniformidad y control sobre el patrón de distribución, especialmente en aplicaciones de baja dosis o precisión variable.

Según capacidad y sistema de traslado

- **Portátiles manuales:** de capacidad reducida (2-10 litros), se usan llevándolas colgadas o sostenidas a pulso. El accionamiento es manual mediante una manivela o palanca; perfectas para semilleros, jardines pequeños o una aplicación puntual.
- **De mochila:** entre 10 y 20 litros, se transportan sobre la espalda y permiten un trabajo ágil en zonas de difícil acceso, setos o contenedores alineados. Pueden ser manuales o incorporar motor eléctrico.
- **De carretilla:** montadas sobre ruedas, con depósitos de 20 a 50 litros, se empujan manualmente y facilitan la aplicación uniforme en espacios medianos, caminos o superficies de media extensión.
- **Autopropulsadas:** equipadas con motor y tracción propias, destinadas a parcelas grandes o a trabajos frecuentes; la autonomía y la velocidad de trabajo son superiores.
- **De remolque y suspendidas:** para capacidades superiores (100 a 2.000 litros o más), requieren ser remolcadas o acopladas a un tractor. Son habituales en explotaciones agrícolas, zonas verdes extensas y viveros de gran tamaño.

La elección de la abonadora dependerá de la extensión de la superficie, el tipo de cultivo y la precisión requerida en la distribución del fertilizante, permitiendo adaptarse a las necesidades concretas del vivero.

Equipo multifunción

El equipo multifunción es la máquina más versátil de todas las que se utilizan en viveros y centros de jardinería. Este sistema consiste en una unidad motriz, con un motor de combustión o eléctrico, acoplada a una barra o eje de transmisión sobre la que se pueden intercambiar diferentes útiles o accesorios de trabajo, como cortasetos, motosierra, desbrozadora o incluso sopladora.

Un accesorio muy empleado son las **pértigas extensibles,** que se intercalan entre la unidad motriz y el accesorio para ampliar la altura o el alcance de trabajo, permitiendo podar a mayor altura, tanto árboles como arbustos, sin necesidad de escaleras o plataformas. Además, el uso de una sola unidad motriz para diferentes útiles simplifica el mantenimiento y reduce los costes asociados.

En viveros, el equipo multifunción permite intervenir eficazmente en tareas de poda (con el accesorio de cortasetos o motosierra), gestión de vegetación no deseada (acoplando la desbrozadora) o limpieza de restos (con la sopladora). La facilidad para cambiar los implementos lo hace especialmente útil en trabajos diversos, en zonas de difícil acceso o cuando se requiere alternar varias labores en una misma jornada. Además, el uso de una sola unidad motriz para diferentes útiles simplifica el mantenimiento y reduce los costes asociados.

Fuera del ámbito del viverismo, los equipos multifunción son empleados ampliamente en jardinería profesional, mantenimientos municipales y trabajos forestales ligeros, donde la versatilidad y la rapidez de adaptación a distintos trabajos resultan fundamentales.

Sus **componentes** principales son:

- **Unidad motriz.** Motor de gasolina o eléctrico que proporciona la energía para el funcionamiento de todos los componentes.
- **Barra de transmisión o eje.** Estructura principal donde se acoplan los diferentes implementos.
- **Sistema de acople.** Permite intercambiar de forma sencilla y segura los accesorios (cortasetos, motosierra, desbrozadora, etc.).
- **Empuñaduras.** Diseñadas para ofrecer un manejo ergonómico y seguro independientemente del implemento utilizado.
- **Sistema de transmisión.** Transfiere la fuerza del motor hasta el accesorio conectado.
- **Protecciones/carcasas.** Elementos que garantizan la seguridad del operario, cubriendo las partes móviles o puntos calientes.

◐ **Sistemas de control.** Incluye el acelerador, la parada de emergencia y los demás controles de manejo.

◐ **Sistema de arranque o encendido/apagado.** Interruptores, tiradores o pulsadores para poner en marcha y detener la unidad motriz.

 **VÍDEO**

En el siguiente vídeo podrás ver las características de los equipos multifunción.

Accede desde aquí:

https://redirectoronline.com/3050040305

2.2. Herramientas manuales

☞ **HILO CONDUCTOR**

Las herramientas que ha adquirido Jorge son de marcas profesionales y serán utilizadas por el personal del vivero para una gran cantidad de tareas, las cuales no pueden realizarse mediante maquinaria, sobre todo las relacionadas con trabajos en espacios reducidos.

Las herramientas manuales para el mantenimiento del suelo y el cultivo facilitan labores como la preparación del terreno, el control de malas hierbas, la siembra y el trasplante de plantas. Todas son necesarias, en mayor o menor medida, y están diseñadas para tareas concretas, aunque hay algunas que se emplean para múltiples tareas.

Las azadas son herramientas con muchos usos, con una hoja metálica cortante unida a un mango ergonómico, utilizadas principalmente para remover y descompactar el suelo, eliminar malas hierbas, así como mezclar abonos y fitosanitarios con el suelo. También se usan para abrir hoyos de plantación y como herramienta de apoyo en los trasplantes.

En el mercado existe una gran variedad de modelos de azadas de distintas formas y tamaños. Permiten preparar los lechos de siembra o camas de cultivo y controlar las malas hierbas, especialmente las azadillas de mano, que se adaptan a espacios pequeños y trabajos delicados. Las hojas suelen estar hechas de acero al carbono o inoxidable, y los mangos pueden ser de madera, plástico o fibra de vidrio para reducir el esfuerzo físico y mejorar el manejo.

Las palas, de punta o planas, sirven para cavar la tierra, para removerla o mezclar sustratos y otros productos a granel, como abonos, material de acolchado, etc. Gracias a su diseño adaptado, son adecuadas para la carga y la descarga de todo tipo de áridos, así como para la recogida de desechos. Están fabricadas de materiales resistentes, que incluyen acero templado, con mangos con empuñadura.

 **VÍDEO**

En el siguiente vídeo podrás conocer los distintos tipos y usos de las palas.

https://redirectoronline.com/3050040306

Los rastrillos se emplean para nivelar la superficie del suelo tras el labrado, eliminar piedras y terrones, y preparar el lecho de siembra, siendo herramientas que permiten un acabado fino para el desarrollo uniforme de las plantas.

La horca o bieldo, con púas de acero forjado, ayuda a romper suelos compactos y airear el sustrato, promoviendo una mejor oxigenación de las raíces y facilitando la eliminación de residuos vegetales. Su mango ergonómico también ayuda a manejarla con comodidad durante labores prolongadas.

Para tareas más precisas, como el deshierbe manual, el corte de raíces superficiales y el perfilado de surcos, se utilizan escardillos y azadillas. Estas herramientas con hojas metálicas y mangos cortos o largos son ideales para espacios reducidos y permiten trabajar cerca de las plantas sin dañarlas.

Los plantadores manuales facilitan la apertura de hoyos en el suelo o sustrato para colocar semillas, bulbos o plantones a una profundidad constante, asegurando una buena germinación y desarrollo inicial.

Por último, la regadera manual se usa para humedecer la tierra sin encharcar, y aplicar abonos y fitosanitarios. Regar, de forma controlada, es vital en la fase temprana del crecimiento de las plantas.

Los usos, los tipos y los componentes de las distintas herramientas manuales son los siguientes:

- **Azadas.** Se utilizan para remover y descompactar el suelo, eliminar malas hierbas e incorporar abonos. Los tipos son azadón de hoja ancha y azadilla de mano o escardilla. Sus componentes son una hoja metálica (de acero al carbono o inoxidable) y un mango ergonómico de madera, plástico o fibra de vidrio.
- **Palas y pala de trasplante.** Se usan para cavar hoyos para la plantación, mover sustratos y trasplantar en semilleros o macetas. Los tipos incluyen pala de punta, pala plana y pala de trasplante (palín o palote). Están compuestas por una hoja de acero templado y un mango tubular de plástico, fibra de carbono o madera (a veces con empuñadura).
- **Rastrillos y rastras de mano.** Sirven para nivelar la superficie tras la labranza, retirar piedras y terrones, y preparar camas de siembra. Los tipos son el rastrillo de dientes finos y el rastrillo basto, que tiene menos dientes y es más grande. Sus componentes son un cabezal de acero y un mango largo tubular de plástico, fibra o madera.
- **Horca o bieldo.** Se utilizan para romper el suelo compacto, airear el sustrato y recoger residuos vegetales. Los tipos son horcas de 4, 5 o 6 púas. Sus componentes son púas de acero forjado y un mango ergonómico tubular de plástico, fibra o madera.
- **Escardillos y azadillas.** Sirven para el deshierbe manual, el corte de raíces superficiales y el perfilado de surcos. Los tipos son el escardillo de cuchilla angular (almocafre) y la azadilla de cabo largo. Sus componentes son una hoja metálica templada y un mango metálico corto con empuñadura de madera, o un mango largo de plástico, fibra o madera.

- **Plantadores manuales.** Se usan para abrir hoyos y colocar semillas, bulbos o plantones, asegurando una profundidad constante. Los tipos son el plantador cónico (de madera o plástico) y el plantador específico para bulbos (cilíndrico, con mango corto o largo). Sus componentes son una punta cónica o cilíndrica, un medidor de profundidad integrado y un mango ergonómico.
- **Regadera manual.** Se utiliza para humedecer el sustrato sin encharcar, afianzar raíces y aplicar soluciones nutritivas o fitosanitarias. Los tipos son la regadera de pico largo, la regadera con roseta difusora y la botella pulverizadora manual. Sus componentes son un depósito (de plástico o metal galvanizado), un asa o correa de transporte y una boquilla intercambiable o roseta difusora.

2.3. Útiles y accesorios

 **HILO CONDUCTOR**

Además de maquinaria y herramientas, Jorge también ha comprado una serie de útiles y accesorios que necesita para su vivero. Estos elementos juegan un papel fundamental en el desarrollo de la mayoría de las tareas, y abarcan desde pequeños termómetros, para controlar la temperatura de los invernaderos, hasta extensas mallas de sombreo para evitar la insolación en las plantas más delicadas.

En viverismo, el mantenimiento del suelo y del cultivo requiere la utilización de distintos útiles y accesorios, además de las máquinas y las herramientas. Estos accesorios, diseñados específicamente para el sector, contribuyen tanto a la preparación del suelo como al manejo preciso de las plantas en las distintas fases de crecimiento.

Existen una serie de instrumentos, menos tradicionales que las herramientas manuales, que facilitan tareas específicas relacionadas con la monitorización de parámetros del sustrato, la manipulación de materiales y la protección o el traslado de plantas. Entre ellos destacan los siguientes:

- **Medidor de pH.** El medidor de pH (pHmetro) es un instrumento necesario en los viveros para supervisar tanto el sustrato como el agua de riego. Su principal función es detectar posibles desviaciones en la acidez o alcalinidad del medio de cultivo, asegurando así unas condiciones óptimas para la absorción de nutrientes y la correcta salud de las plantas. Existen medidores de pH analógicos y digitales, siendo estos últimos más precisos y de lectura rápida. Habitualmente, son portátiles y cuentan con electrodos de fácil limpieza y calibración. Su empleo periódico previene problemas derivados de un pH inadecuado, como deficiencias nutricionales o el bloqueo de elementos esenciales.

- **Bandejas.** Las cubetas, las bandejas y otros recipientes desempeñan un papel multifuncional en el viverismo. Se utilizan para trasladar sustratos, agua, fertilizantes o pequeñas plantas, facilitando la organización y la limpieza en el área de trabajo. Suelen estar fabricados en materiales plásticos resistentes y ligeros, con asas ergonómicas que permiten el transporte cómodo por el vivero. Existen modelos apilables para optimizar el espacio y versiones de diferentes capacidades y formas adaptadas a necesidades concretas, incluyendo bandejas para semilleros, cajas recolectoras o contenedores específicos para riego.
- **Etiquetas.** Permiten marcar cada planta o lote con información sobre la especie, la variedad, la fecha de siembra o cualquier dato relevante para el seguimiento del cultivo. Fabricadas en materiales resistentes a la humedad y los rayos UV, ayudan a mantener la trazabilidad en la producción.
- **Tutores.** Son elementos indispensables para guiar el crecimiento vertical de determinadas plantas y asegurar su rectitud o estabilidad, especialmente en fases juveniles o tras el trasplante.
- **Mallas de sombreo.** Las mallas se disponen sobre zonas vulnerables a la radiación solar o al viento excesivo, regulando la luz y la temperatura para proteger a las plantas jóvenes.
- **Bandejas de germinación y alvéolos.** Esenciales para la siembra y el manejo inicial de plántulas, estas bandejas con compartimentos individuales (alvéolos) permiten un control sanitario riguroso y facilitan el trasplante posterior con mínimo estrés para las raíces.
- **Termómetros e higrómetros.** Es habitual que en los viveros existan estos dispositivos para monitorizar de forma continua la temperatura y la humedad ambiental, parámetros determinantes para el desarrollo de muchas especies vegetales.

 **TAREA 5**

Jorge tiene en su vivero una parcela de cultivo con malas hierbas y vegetación densa y leñosa. Necesita ararla en profundidad, a unos 40 cm, para poder cultivar en ella. En la zona, además, hay tres tocones de antiguos árboles que se

Continúa en página siguiente >>

<< Viene de página anterior

cortaron, con un diámetro de 38 cm. ¿Qué labores debe realizar y qué máquinas debe utilizar para poder dejar la parcela lista para cultivar? ¿Hay alguna tarea que pueda realizarse usando distintas máquinas?

---

3. Contenedores

☞ HILO CONDUCTOR

Los contenedores donde crecerán las plantas tienen que ser adecuados a cada especie, y también deben cumplir determinados requisitos que faciliten su manejo y su transporte, por lo que Jorge está adquiriendo los más idóneos teniendo en cuentas las plantas que cultivará.

En el ámbito viverístico profesional, el cultivo en contenedor presenta diferencias sustanciales respecto al cultivo en pleno suelo, ya que el volumen de sustrato es limitado y las plantas dependen completamente de él para obtener oxígeno, agua y nutrientes.

Los contenedores son esenciales en los viveros, ya que las plantas pasan la mayor parte de su vida en ellos. También son importantes para el **transporte y la presentación comercial.**

Su función principal es contener el sustrato, del cual las raíces obtienen agua y nutrientes, y servir de soporte físico a la planta. El cultivo en contenedor suele ser una fase de la producción en semilleros o viveros.

La capacidad de los contenedores se mide en litros, y se clasifican por el diámetro superior de la maceta (por ejemplo, maceta de 12 cm).

Los **materiales** más usados para fabricar **contenedores** son:

Barro cocido
- Es el material más antiguo, pero ha sido reemplazado por su fragilidad, su peso, su coste elevado y la necesidad de mucho espacio de almacenamiento. Se usa para cultivo general, pero no es común en viveros industriales.

Plástico
- Material ligero, fácil de trabajar y almacenar, muy usado en todo tipo de viveros por su rapidez de manipulación, ideal para trasplantes temporales. Los plásticos más comunes son polipropileno y polietileno, en contenedores rígidos o bolsas flexibles. Vienen en diversas formas, colores y tamaños, como recipientes individuales o bandejas multialvéolo, y se usan para todo tipo de cultivos, desde semilleros hasta árboles grandes.

Cartón o papel
- Se emplean en la fase de crecimiento. Usados para contenedores ligeros, de duración limitada y biodegradables. La planta se trasplanta directamente con el contenedor. Los de papel reciclado pueden contener elementos tóxicos que reducen el crecimiento. Están diseñados para reducir el impacto ambiental, se degradan en el suelo una vez plantados y evitan que la raíz espiralice, conservando su estructura natural.

Material reciclado
- Se pueden fabricar a partir de residuos sólidos urbanos, forestales y agroindustriales. Son adecuados para cultivos a corto plazo.

Fibras vegetales
- Como turba, madera y fibra de coco, se usan en contenedores individuales o en bandejas, con objetivos similares al papel y el cartón. Las fibras naturales como el yute también se usan para cubrir los cepellones al sacar la planta de la tierra.

Fibras sintéticas
- Sacos de fibras sintéticas para el mantenimiento temporal del sustrato cuando la planta es retirada de la tierra hasta su plantación definitiva, especialmente en arbustos y árboles.

Los contenedores profesionales utilizados en viveros de plantas son resistentes, manejables, ligeros, apilables y ocupan el mínimo espacio. Los tipos de contenedores más usados en viveros y centros de jardinería son:

Bandejas	- Son de plástico o poliestireno expandido, para siembra de semillas o esquejes. A veces son de materiales degradables. Se conocen como bandejas de alvéolos, donde cada alvéolo es un espacio individual de cultivo. Existen diversas formas y tamaños según el cultivo, y a menudo son de forma cónica. Las bandejas forestales son más altas y específicas para plantas cuyo destino es ser cultivadas en bosques, principalmente para la explotación maderera, como los pinos, los eucaliptos o los castaños.
Bolsas	- Son de plástico flexible (normalmente polietileno). Son económicas y ligeras, muy usadas en viveros forestales y de frutales, donde la calidad de la planta prima sobre la estética del contenedor. Disponibles en varios tamaños y colores.
Macetas	- En viveros, las de plástico y forma troncocónica son las más comunes, especialmente en viveros ornamentales y hortícolas. La variedad es amplia en tamaños, colores y formas.

Bandeja para semillero

Las características del contenedor son fundamentales para el desarrollo de la planta. El volumen determina el tamaño; por ejemplo, las especies grandes necesitan mayor volumen y menor densidad de cultivo. La profundidad influye en la longitud de las raíces y afecta al drenaje. El diámetro debe adecuarse a la especie, favoreciendo la penetración del agua en plantas con follaje denso.

Una densidad de cultivo excesiva, con plantas muy cercanas, puede provocar que crezcan con los tallos demasiado largos y estrechos. La temperatura del sustrato depende del color y el material del contenedor: los oscuros pueden sobrecalentarse, mientras que los claros o los aislantes ayudan a mantenerlo fresco.

Un buen **drenaje evita encharcamientos** y mejora el crecimiento radicular. Además, el diseño del contenedor influye en la calidad del sistema de raíces, evitando deformaciones como la espiralización.

 PARA SABER MÁS

Deformaciones en las raíces como la espiralización pueden crear daños en el cultivo. En la siguiente web se pueden conocer sus efectos. Accede desde aquí:

https://redirectoronline.com/3050040307

4. Limpieza y conservación del equipo, herramientas e instalaciones empleadas en las labores culturales

 HILO CONDUCTOR

Teniendo en cuenta la gran inversión que ha realizado Jorge en maquinaria, herramientas y otros accesorios, ha creído conveniente nombrar a una persona, de la plantilla del vivero, como encargada general de la limpieza y la conservación de todos los equipos y las instalaciones. De esta manera, se garantizará el correcto funcionamiento de todos los elementos y se alargará al máximo su vida útil.

Una correcta limpieza, mantenimiento y conservación de herramientas, maquinaria e instalaciones garantiza un trabajo seguro, eficaz y duradero.

Estas tareas previenen averías, accidentes y la propagación de plagas o enfermedades. Deben realizarse de manera sistemática y siguiendo un protocolo que garantice su buen estado y la higiene del entorno de trabajo.

En el caso de las herramientas manuales, es imprescindible retirar los restos de tierra y materia orgánica con un cepillo o espátula, lavarlas con agua y secarlas completamente para prevenir la oxidación.

En los equipos mecánicos y motorizados, hay que eliminar los restos vegetales adheridos y revisar filtros, conductos, sistemas de corte y boquillas. Deben manipularse siempre con la fuente de energía desconectada.

 CONSEJO

La limpieza de las boquillas de aplicación de fitosanitarios, tanto de equipos motorizados como manuales, debe realizarse siempre que se usen, indistintamente del producto empleado. Hay que seguir las indicaciones del fabricante sobre la forma de hacerlo.

Las instalaciones, como almacenes o zonas de trabajo, requieren barrido y retirada de residuos sólidos, limpieza de suelos con agua y detergente biodegradable cuando sea necesario, ventilación de espacios cerrados y mantenimiento de áreas despejadas para facilitar la circulación y garantizar la seguridad.

El mantenimiento básico de herramientas, maquinaria e instalaciones se basa en la revisión y el cuidado periódico para conservar su funcionalidad y su seguridad. Es fundamental comprobar y apretar tornillería y uniones, lubricar ejes, bisagras y partes móviles, así como afilar hojas de corte y cuchillas para preservar su eficacia.

Las piezas desgastadas o dañadas deben sustituirse de inmediato para evitar accidentes o fallos de funcionamiento. En maquinaria, además, se deben verificar regularmente los niveles de aceite, combustible y la presión de neumáticos. Cuando existan superficies metálicas expuestas, conviene protegerlas con pintura antioxidante o aceite protector para prevenir la corrosión.

Una buena conservación del equipo comienza con un almacenamiento adecuado en lugares secos, ventilados y protegidos de la intemperie. Las herramientas deben colgarse o colocarse en soportes que eviten deformaciones, y la maquinaria debe cubrirse para protegerla del polvo y la humedad.

Es importante no almacenar productos químicos junto al material de trabajo, ya que pueden provocar corrosión o contaminación. Además, mantener el orden y llevar un inventario actualizado de herramientas y equipos facilita el control, reduce pérdidas y asegura que siempre estén disponibles para su uso en óptimas condiciones.

Las tareas que hay que realizar a los distintos elementos, así como los materiales que se deben emplear, son:

- **Tijeras de poda manuales.** Se usan para retirar restos de savia, lavar, secar, afilar y lubricar. Para su mantenimiento, se necesitan un cepillo de cerdas duras, aceite lubricante, una lima y una espátula.
- **Palas, azadas, rastrillos, etc.** Se usan para eliminar la tierra, lavar y secar. Se necesitan un cepillo de cerdas duras, agua, un trapo y una espátula.
- **Serruchos manuales.** Se usan para retirar restos de savia, limpiar, secar y aplicar aceite protector. Se necesitan un cepillo de cerdas duras, un trapo, aceite protector y una espátula.
- **Motocultor y motoazada.** Se usan para retirar restos, revisar filtros y correas, lubricar y proteger las partes metálicas. Se necesitan una pistola de aire comprimido, una hidrolimpiadora, lubricante y llaves de ajuste.
- **Tijera eléctrica.** Se usa para eliminar restos de savia y limpiar las cuchillas, además de lubricar los elementos de corte. Se necesitan una pistola de aire comprimido, lubricante y llaves.
- **Motosierra.** Se usa para limpiar la barra y la cadena, afilar, revisar el depósito de aceite y limpiar el filtro de aire. Se necesitan llaves fijas, una lima para la cadena (o afiladoras eléctricas), un cepillo, aceite especial y una pistola de aire comprimido.
- **Cortasetos.** Se usa para limpiar y lubricar las cuchillas, revisar la tornillería y las protecciones, y limpiar el filtro de aire. Se necesitan llaves fijas, un cepillo, aceite lubricante para cuchillas y una pistola de aire comprimido.
- **Equipo multifunción.** Se usa para limpiar cada accesorio, lubricar y revisar los acoplamientos. Se necesitan un cepillo, lubricante, llaves de ajuste y una pistola de aire comprimido.
- **Sopladoras/aspiradoras.** Se usan para vaciar el depósito o la bolsa, limpiar el filtro de aspiración y la carcasa, y limpiar el filtro de aire. Se necesitan una pistola de aire comprimido y un cepillo suave.
- **Pulverizadoras.** Se usan para vaciar, enjuagar varias veces, y limpiar las boquillas y los filtros. Se necesitan agua, jabón suave, un cepillo pequeño y una pistola de aire comprimido.

- **Almacenes y talleres.** Se usan para barrer, ordenar y retirar los residuos. Se necesitan una hidrolimpiadora, una escoba, un recogedor y bolsas resistentes.
- **Zonas de carga y descarga.** Se usan para retirar los residuos y los materiales, y para mantener la zona libre de obstáculos. Se necesitan una hidrolimpiadora, una escoba, una pala y contenedores para residuos.

En todos los casos de herramientas manuales y maquinaria, serán necesarios algunos tipos de **llaves fijas, destornilladores, alicates, etc.,** para desmontar las distintas partes, como filtros, carcasas protectoras, cuchillas, etc.

Para la desinfección de las cuchillas de corte puede usarse lejía, alcohol o productos especiales.

Las herramientas y las máquinas deben limpiarse después de cada uso. Los almacenes y otras instalaciones, con una frecuencia semanal o atendiendo a su uso, dependiendo de si es más o menos intensivo.

La correcta limpieza y conservación del equipo, las herramientas y las instalaciones repercute directamente en la seguridad laboral, ya que previene accidentes derivados de un mal estado del material o de su almacenamiento inadecuado. También influye en la productividad, al garantizar que todo el equipo esté listo para su uso y funcione de manera eficiente.

Desde el punto de vista económico, estas prácticas prolongan la vida útil de las herramientas y la maquinaria, reduciendo costes por reparación o sustitución. Asimismo, tienen un papel clave en la sanidad vegetal, ya que ayudan a evitar la transmisión de plagas, hongos, bacterias y virus entre cultivos, contribuyendo a una producción agrícola más segura y sostenible.

 **VÍDEO**

La desinfección de las herramientas es una tarea necesaria para evitar la transmisión de enfermedades entre las plantas. En el siguiente vídeo se puede ver cómo realizar la limpieza y desinfección de tijeras de poda.

Continúa en página siguiente >>

<< Viene de página anterior

Accede al vídeo desde aquí:

https://redirectoronline.com/3050040308

 ACTIVIDAD 7

A una persona que trabaja en un vivero le han entregado una azada, una pala y un rastrillo, que han sido usados por el resto del personal y están llenos de barro, tierra y polvo. ¿Qué tareas de las siguientes deberá realizar para limpiarlos y qué herramientas deberá utilizar?

- **Limpiar las cuchillas, lubricar, revisar la tornillería y las protecciones, usando una pistola de aire comprimido.**
- **Eliminar la tierra, lavar y secar, utilizando un cepillo de cuerdas duras, agua, un trapo y una espátula.**
- **Eliminar los restos de savia, utilizando un cepillo de cuerdas duras, agua, un trapo y una espátula.**
- **Limpiar las barras fijas, los mangos de sujeción y las púas, usando una hoja de acero**

Solución

Deberá en primer lugar eliminar la tierra, lavar y secar, utilizando un cepillo de cuerdas duras, agua, un trapo y una espátula.

---

5. Mantenimiento preventivo

👉 HILO CONDUCTOR

Para que la maquinaria y las herramientas de su vivero no dejen de funcionar de forma inesperada, Jorge sabe que la mejor estrategia es anticiparse a las averías. Por ello, ha planificado un sistema de mantenimiento preventivo basado en una rigurosa rutina de limpieza, engrase y revisión de todos los equipos. De esta manera, no solo se asegura de que todo esté siempre listo para usar, sino que también prolonga la vida útil de cada máquina, garantizando su inversión.

La conservación preventiva y ordinaria de equipos, herramientas e instalaciones incluye el conjunto de tareas de revisión de los elementos de cada útil o máquina, con la finalidad de detectar a tiempo posibles fallos.

También se incluyen en este tipo de mantenimiento otras labores como el engrase, los ajustes de las distintas piezas, la limpieza, etc., así como el control del correcto funcionamiento de todas las instalaciones, como sistemas de riego, zonas de almacenaje, espacios para la preparación de pedidos, etc.

Prevenir averías ofrece numerosas ventajas que inciden directamente en la eficiencia, la seguridad y la durabilidad del equipo. Al realizar tareas de limpieza, lubricación, ajuste, etc., de forma periódica, se reduce significativamente el desgaste prematuro de componentes. Esto no solo prolonga la vida útil de las herramientas y las máquinas, sino que también garantiza un funcionamiento óptimo, mejorando su rendimiento durante la realización de las labores.

Además, el mantenimiento preventivo contribuye a la seguridad del operario al reducir riesgos por fallos mecánicos. También permite ahorrar costes asociados a las reparaciones o a la sustitución prematura de equipos, y fomenta una mejor organización y disponibilidad del material, asegurando que esté siempre listo para su uso cuando se necesite.

5.1. Maquinaria

Actualmente, al adquirir cualquier tipo de máquina, se dispone de toda la información necesaria para llevar a cabo ese mantenimiento, ya que el fabricante la proporciona. Esta información consta normalmente de una serie de recomendaciones concretas para llevar a cabo en distintas partes de la máquina o apero, así como del intervalo de tiempo en que tienen que hacerse. Cada fabricante y cada máquina tienen su información concreta, aunque en la mayoría de los casos es muy similar.

Estas **tareas,** generalmente, son:

Engrasado
- Se deben aplicar lubricantes, a través de los engrasadores de los que disponen las máquinas, así como a ejes, rodamientos, articulaciones y puntos móviles. Ello evita el desgaste prematuro y el calentamiento por fricción. Un engrase adecuado asegura un movimiento suave y prolonga la vida útil de la máquina.

Sustitución de filtros
- Algunos modelos incluyen filtros de aceite, aire o combustible que se deben limpiar o sustituir, dependiendo del uso que tenga la máquina. Son fundamentales para que el motor trabaje limpio y libre de impurezas. En entornos agrícolas, donde hay polvo y partículas vegetales, un filtro saturado puede reducir el rendimiento y provocar daños internos.

Revisión de niveles
- En los motocultores, el aceite lubrica las piezas móviles y reduce el desgaste interno. Si se trabaja en condiciones de polvo o con cargas pesadas, su consumo puede aumentar, por lo que el control regular previene el gripado del motor. La toma de fuerza requiere un lubricante en buen estado para transmitir la potencia de forma efectiva. Revisar y mantener su nivel adecuado evita desgastes y pérdidas de eficiencia en el trabajo diario.

Revisión de niveles de presión
- En los neumáticos, una presión incorrecta provoca un desgaste desigual, mayor consumo de combustible y pérdida de tracción, lo cual puede ser peligroso al trabajar en superficies húmedas o irregulares típicas de zonas de vivero o jardín.

 **CONSEJO**

Es muy recomendable realizar un plan de mantenimiento preventivo que sea individualizado para cada máquina y/o equipo.

A cada componente de la máquina hay que realizarle distintas operaciones, con una periodicidad determinada, que son las siguientes:

⊃ **Sistemas eléctricos.** Limpieza e inspección visual con una frecuencia mínima de una vez al mes dependiendo del uso.
⊃ **Filtro de aire.** Limpieza e inspección visual con una frecuencia mínima de una vez por semana según el uso. El cambio del filtro debe realizarse según las recomendaciones del fabricante.
⊃ **Circuito de combustible.** Limpieza e inspección visual con una periodicidad mínima de una vez al mes dependiendo del uso.
⊃ **Filtros de aceite y combustible.** Inspección visual, y deben cambiarse según las recomendaciones del fabricante.
⊃ **Mantenimiento de las baterías.** Se deben revisar los niveles con una periodicidad mínima de una vez cada dos semanas.
⊃ **Aceites y lubricantes.** Se deben revisar los niveles con una frecuencia mínima de una vez por semana dependiendo del uso. El cambio debe hacerse según las recomendaciones del fabricante.
⊃ **Sistemas de lubricación/engrasado.** Se debe aplicar lubricante con una periodicidad mínima de dos veces al mes según el uso.
⊃ **Sistemas hidráulicos.** Se deben revisar los niveles con una periodicidad mínima de dos veces al mes dependiendo del uso.
⊃ **Neumáticos.** Se deben revisar los niveles con una frecuencia mínima de una vez por semana según el uso.

Dependiendo del tipo de elemento se llevarán a cabo una serie de tareas concretas.

En viverismo, hay dos máquinas que requieren un mantenimiento preventivo muy específico, la motosierra y el cortasetos, en las que hay que ejecutar los siguientes trabajos:

Tarea	Motosierra	Cortasetos
Afilado	Cadena	Cuchillas
Ajuste	Tensar cadena Colocación de espada	Colocación de hoja fija y cuchilla de corte
Lubricación	Engranajes y cadena	Engranajes y cuchillas
Limpieza a fondo	Mecanismo que acciona la cadena (piñón)	Hoja fija y cuchilla de corte

Las cadenas de las motosierras se pueden afilar a mano, con una lima específica para ello. Este tipo de afilado se realiza en el lugar de trabajo. En el taller, y para conseguir una mayor eficacia, se usan máquinas afiladoras eléctricas con el grado de inclinación y el ángulo necesario para conseguir un acabado perfecto.

Otro conjunto de maquinaria con un mantenimiento especial es el formado por los motocultores y algunas carretillas pulverizadoras. Al ser máquinas que tienen ruedas con neumáticos, el estado de estos debe ser siempre el adecuado para que puedan realizar su función eficazmente.

También hay que tener en cuenta que el reglaje y la regulación del carburador sean los adecuados.

En general, en toda la maquinaria que tenga algún tipo de carcasa, como desbrozadoras de ruedas o cadenas, es muy importante llevar a cabo su limpieza al final de cada jornada de trabajo, para evitar que los restos vegetales se acumulen y formen una costra.

5.2. Herramientas

El **mantenimiento preventivo** no solo evita que las herramientas se deterioren prematuramente, sino que también garantiza la seguridad del personal y la calidad del trabajo realizado. Las tareas que se deben realizar son las siguientes:

- **Limpieza y desinfección.** Después de cada uso, es fundamental limpiar todas las herramientas a fondo. Hay que eliminar la tierra, los restos de plantas y cualquier otro residuo que se adhiera a las hojas o las púas. Un cepillo de cerdas duras y agua son suficientes para la suciedad ligera. Para la suciedad más incrustada, se puede usar una espátula o un chorro de agua a presión.
  Para evitar la propagación de enfermedades y plagas entre las plantas, es necesario desinfectar las herramientas. Lo más recomendable es usar una solución de una parte de lejía y nueve partes de agua o alcohol isopropílico. Después de la desinfección, y para prevenir la corrosión, hay que secar muy bien las herramientas.
- **Afilado y lubricación.** Las herramientas con filo, como las azadas y los escardillos, deben afilarse regularmente para que su corte sea eficaz. Un afilador de herramientas o una lima plana son ideales para esta tarea. Un filo bien mantenido facilita el trabajo y reduce el esfuerzo físico.
  Para las herramientas con partes móviles, como las palas o las horcas, es importante lubricar las uniones y los mangos de madera para protegerlos de la humedad y evitar que se agrieten. Unas gotas de aceite multiusos

en las articulaciones y una capa de aceite de linaza en los mangos de madera mantendrán las herramientas en excelente estado.

- **Almacenaje adecuado.** El correcto almacenamiento es tan importante como la limpieza. Hay que guardar las herramientas en un lugar seco y bien ventilado, lejos de la intemperie. Colgarlas en la pared o colocarlas en un soporte vertical evita que se acumule humedad y reduce el riesgo de que se doblen o se dañen. Los mangos no deben estar en contacto directo con el suelo para evitar que la madera se pudra.
- **Inspección y reparación.** Es necesario realizar inspecciones periódicas para detectar cualquier señal de desgaste o daño. Hay que tener especial cuidado con los mangos, y controlar que no tengan grietas o astillas que puedan causar lesiones. Si alguno está dañado, hay que cambiarlo de inmediato.

  También hay que revisar si las hojas de las herramientas están sueltas o si las uniones están desgastadas. Un ajuste a tiempo puede prevenir accidentes y alargar la vida útil de la herramienta.

5.3. Instalaciones

En las instalaciones de un vivero o centro de jardinería, el **mantenimiento preventivo** es clave para que el trabajo se realice eficazmente. El cuidado de estos elementos y espacios no solo previene fallos, sino que optimiza cada proceso, desde la carga y la descarga de materiales hasta el crecimiento saludable de cada planta. Las tareas que realizar, dependiendo de la zona de trabajo o de las características propias de la instalación, son las siguientes:

- **Sistemas de riego.** Un sistema de riego eficiente es el corazón de cualquier vivero. Para garantizar su correcto funcionamiento, es necesario realizar una inspección semanal. Hay que revisar mangueras, tuberías y aspersores en busca de fugas, roturas o boquillas obstruidas por suciedad o sedimentos. Se deben limpiar regularmente los filtros del sistema para mantener un flujo de agua constante y sin interrupciones. En los meses de menor actividad, es recomendable purgar las tuberías y vaciarlas para evitar la acumulación de algas o la congelación en invierno, lo que podría dañar el equipo.
- **Almacenes.** Los almacenes, tanto los de herramientas y maquinaria como los de fitosanitarios, abonos, sustratos y contenedores, deben mantenerse organizados y limpios. La ventilación es clave para evitar la acumulación de humedad que puede corroer las herramientas metálicas o degradar la calidad de los abonos y los sustratos. Se realizarán tareas específicas en:

○ **Almacén de herramientas y maquinaria:** hay que asegurarse de que todas las herramientas estén limpias, secas y lubricadas antes de guardarlas. La maquinaria debe revisarse periódicamente, comprobando los niveles de aceite, de combustible y el estado general de sus componentes. Guardarlas correctamente en estanterías o soportes prolongará su vida útil y evitará accidentes.

○ **Almacén de fitosanitarios y sustratos:** estos productos deben mantenerse en sus envases originales y bien cerrados para evitar la entrada de humedad, plagas y roedores. Hay que almacenarlos en estanterías elevadas para protegerlos del contacto directo con el suelo. Existe una normativa específica que indica las características que deben cumplir los almacenes para productos fitosanitarios y sustratos.

➲ **Zonas de tránsito y carga.** Las zonas de carga y descarga, así como las de tránsito interior, son áreas que requieren especial atención para garantizar la seguridad y la eficiencia. Hay que mantenerlas libres de obstáculos como herramientas, mangueras o restos de plantas. El suelo debe estar nivelado y sin agujeros para evitar tropiezos o accidentes con la maquinaria. Es necesario delimitar claramente los carriles de circulación y las zonas de almacenamiento temporal. Una limpieza regular, que incluya el barrido y la eliminación de residuos, es esencial para mantener un entorno de trabajo seguro y productivo.

IMPORTANTE

La ley establece requisitos técnicos y de seguridad específicos para el acondicionamiento y la ubicación de los almacenes de productos fitosanitarios y sustratos.

----

6. Mantenimiento correctivo

 ### HILO CONDUCTOR

Aunque Jorge se esfuerza por seguir un estricto plan de mantenimiento preventivo, sabe que las averías inesperadas pueden ocurrir. Por eso, ha establecido un protocolo claro para la reparación rápida de cualquier equipo defectuoso.

Continúa en página siguiente >>

<< Viene de página anterior

Su objetivo es identificar la causa del problema y aplicar la solución adecuada de manera eficiente, ya sea un ajuste sencillo, una reparación o la sustitución de un recambio.

El mantenimiento o conservación correctiva es el conjunto de tareas que se realizan cuando las herramientas o máquinas presentan una avería o defecto, con el fin de que vuelvan a sus condiciones normales de trabajo. También se incluyen las tareas de cambio o sustitución de piezas que, aunque funcionen correctamente, han de ser renovadas una vez que han cumplido su vida útil.

Para llevar a cabo el mantenimiento preventivo y el correctivo, es necesario estar al día en los últimos avances en el campo de la mecánica, ya que constantemente van apareciendo nuevas técnicas, materiales y herramientas. Es recomendable consultar habitualmente revistas técnicas, donde se informa de todas estas innovaciones que contribuyen a una mejora en el desarrollo de las distintas tareas.

6.1. Maquinaria

En el mantenimiento correctivo, hay una serie de tareas muy habituales y que no corresponden directamente al arreglo de alguna avería o rotura. Son tareas que se realizan en algunos componentes que, con el paso del tiempo, se van deteriorando por desgaste de la pieza o por descolocación de esta. Las **tareas** más comunes que llevar a cabo en la conservación correctiva en la maquinaria son:

- **Limpieza del mecanismo de arranque y parada.** Es necesario mantener los mecanismos de arranque y parada libres de suciedad para evitar fallos durante la puesta en marcha o una parada accidental de la máquina. Eliminar polvo, residuos vegetales y grasa acumulada permite detectar posibles desgastes o roturas y mejora la fiabilidad del equipo. Una limpieza adecuada previene daños mayores y asegura respuestas rápidas ante la necesidad de uso inmediato.
- **Corrección o sustitución de elementos de seguridad.** Los elementos de seguridad, como protectores, carcasas, interruptores de emergencia y resguardos antiatrapamiento, deben estar siempre en óptimo estado para evitar accidentes laborales. La reparación inmediata de cualquier defecto o la sustitución de componentes deteriorados asegura que se

mantengan las condiciones mínimas de seguridad exigidas en el vivero y reduce el riesgo de lesiones.

○ **Sustitución de piezas que han cumplido con su vida útil.** Las piezas sometidas a desgaste regular, como bujías en motores, correas de transmisión, filtros de aire o aceite y cuchillas en equipos de corte, deben reemplazarse según la frecuencia recomendada por el fabricante o cuando muestren signos claros de deterioro. Este recambio garantiza un funcionamiento eficiente, reduce el consumo de combustible y previene averías súbitas que puedan paralizar la operación habitual del vivero.

○ **Tensado de correas, cadenas y otros mecanismos de transmisión.** Las correas y las cadenas que conectan diferentes partes móviles tienden a aflojarse con el uso. Un tensado correcto asegura la transmisión eficiente de la energía y evita saltos, ruidos anómalos o desgaste prematuro. Esta operación debe realizarse periódicamente y también tras reponer o limpiar estos elementos para optimizar su vida útil.

○ **Cambio de baterías.** Las baterías suministran energía a los sistemas eléctricos, principalmente en maquinaria autopropulsada o herramientas portátiles. Sustituirlas cuando tardan mucho en cargarse o se gastan más rápidamente de lo habitual previene interrupciones en el trabajo y asegura que los equipos estén siempre disponibles para su uso sin contratiempos inesperados.

○ **Cambio de boquillas en equipos de pulverización.** Las boquillas de los pulverizadores pueden obstruirse o desgastarse por el uso continuo de productos químicos o de agua con mucha cal. Cambiarlas restaura el patrón de pulverización, permite una aplicación uniforme de agroquímicos y evita el uso excesivo de insumos, optimizando costes, obteniendo una mayor eficacia y reduciendo riesgos ambientales.

En todos estos casos, se recomienda informar y registrar cada intervención para llevar un control de mantenimiento, y consultar fuentes técnicas especializadas para seguir procedimientos adecuados y conocer las novedades en técnicas y materiales de mantenimiento.

Para realizar eficazmente el mantenimiento correctivo de la maquinaria, el primer paso es diagnosticar la avería. Hay una serie de problemas comunes a muchos de los equipos, por lo que es fundamental reconocer los síntomas y así proceder a su arreglo.

A continuación, se pueden conocer los problemas más habituales en la maquinaria, así como la solución recomendada:

La máquina no arranca
- Esto puede deberse a la falta de combustible, a una mezcla incorrecta de gasolina y aceite, a una bujía sucia o desgastada, o a un filtro de aire obstruido. La solución recomendada es revisar el nivel de combustible y la mezcla, y limpiar o reemplazar la bujía y el filtro de aire.

Pérdida de potencia durante el uso
- Las posibles causas son un filtro de aire sucio, un filtro de combustible obstruido o un carburador mal ajustado. Para solucionarlo, debes limpiar o reemplazar los filtros, y ajustar el carburador (o llevar la máquina a un técnico).

Vibraciones excesivas o ruidos anormales
- Este problema puede ser causado por componentes sueltos o desgastados (como tornillos, tuercas o rodamientos), o por piezas de corte desafiladas o dañadas. La solución es apretar todos los tornillos y las tuercas, y revisar, afilar o reemplazar las piezas de corte si es necesario.

El motor se sobrecalienta
- Las causas pueden ser la falta de aceite en la mezcla de combustible o una obstrucción en los filtros. Para resolverlo, verifica que la mezcla de combustible sea la correcta y limpia los filtros para permitir la circulación del aire.

Fugas de combustible o aceite
- Esto puede ocurrir si las juntas o las mangueras están agrietadas o sueltas, o si los depósitos o los carburadores no están bien sellados. Para arreglarlo, revisa y aprieta todas las conexiones, y sustituye las juntas o las mangueras que estén dañadas.

6.2. Herramientas

El mantenimiento correctivo de las herramientas manuales usadas en viveros y centros de jardinería, como azadas, palas, rastrillos, tijeras de poda y serruchos, se centra en reparar daños o desgaste que afectan a su funcionamiento, asegurando que vuelvan a estar en condiciones óptimas para su uso seguro y eficiente. A continuación, se detalla cómo se realiza este **mantenimiento:**

⊃ **Inspección detallada.** Lo primero es revisar las herramientas para detectar grietas, astillas, hojas dobladas, mangos sueltos o partidos, y cualquier otro daño estructural. En herramientas de corte, se examina el filo para identificar mellas o desgaste excesivo.

- **Reparación y sustitución de piezas.** En caso de mangos partidos o dañados, se procede a cambiar el mango por uno nuevo. Las hojas o cuchillas muy deterioradas pueden requerir reemplazo o soldadura para restaurar su forma y su resistencia. Las fijaciones sueltas (tornillos, remaches) se ajustan o cambian.
- **Afilado de herramientas de corte.** Tijeras de poda, serruchos y cuchillas se afilan con limas o piedras especiales siguiendo el ángulo adecuado, para recuperar un corte limpio y eficaz. Un buen afilado disminuye el esfuerzo y evita daños en las plantas.
- **Limpieza profunda.** Se eliminan restos de tierra, resinas o savia incrustada utilizando cepillos, agua y, si es necesario, disolventes o alcohol para evitar la transmisión de enfermedades. Es fundamental secar bien después de la limpieza.
- **Lubricación y protección.** Se aplican aceites lubricantes o protectores en partes móviles, bisagras o articulaciones para evitar la oxidación y facilitar el movimiento. Los mangos de madera se tratan con aceite de linaza u otros productos para impedir que se resequen o agrieten.
- **Ajuste de partes móviles.** Para herramientas con articulaciones, como tijeras o podadoras, se ajusta la tensión de los tornillos o los muelles para asegurar un correcto funcionamiento sin holguras ni rigidez.
- **Almacenamiento adecuado tras la reparación.** Las herramientas corregidas se guardan en lugares secos y ventilados, colgadas o en soportes que eviten el contacto con el suelo, para mantenerlas en buen estado hasta el próximo uso.

Este mantenimiento correctivo se realiza principalmente cuando la herramienta presenta fallos evidentes o tras un período de uso intensivo que compromete su funcionalidad. Realizarlo de forma oportuna prolonga la vida útil de las herramientas, mejora la seguridad del usuario y mantiene la calidad del trabajo en viveros y centros de jardinería.

6.3. Instalaciones

En las instalaciones de un vivero o centro de jardinería, el mantenimiento correctivo es esencial para restaurar la operatividad de los espacios y los sistemas tras la aparición de averías, daños o deterioros imprevistos. Este tipo de mantenimiento no solo resuelve fallos que interrumpen el trabajo, sino que asegura la seguridad y prolonga la vida útil de las infraestructuras clave. Las **tareas** que realizar, dependiendo de la zona de trabajo o de las características propias de la instalación, son las siguientes:

Sistemas de riego
- El sistema de riego es crítico para la supervivencia y el desarrollo de las plantas. Las intervenciones correctivas se ejecutan cuando se detectan fugas en las tuberías principales o secundarias, atascos causados por raíces o acumulación de sedimentos, o roturas de aspersores y goteros. La reparación inmediata de estos daños es prioritaria para restablecer el suministro de agua. Además, puede requerirse la sustitución de válvulas, tramos de tubería o boquillas que no pueden ser limpiadas eficazmente. Si el sistema presenta fallos eléctricos en bombas automáticas o programadores, deben revisarse los circuitos y reemplazarse los componentes defectuosos para evitar interrupciones prolongadas.

Almacenes
- Los almacenes habitualmente sufren desgaste por uso intenso o por factores ambientales, como humedad, corrosión o invasión de plagas. Las acciones correctivas incluyen la reparación de cerraduras o bisagras dañadas para garantizar la seguridad, el refuerzo de estanterías inestables, o la reposición de puertas o paneles deteriorados. Si se detectan filtraciones de agua en paredes o techos, es imprescindible sellar las fisuras o reemplazar los materiales para proteger tanto las herramientas como los materiales almacenados. También es habitual reparar los daños causados por roedores o insectos, reinstalando barreras físicas o aplicando productos específicos.

Zonas de tránsito y carga
- En las áreas de alto tráfico, los daños suelen manifestarse en forma de pavimentos rotos, desniveles peligrosos o señalización desgastada. El mantenimiento correctivo implica la reparación urgente de losas o superficies para evitar accidentes, el relleno de baches y la nivelación del suelo. Si se dañan barandas, vallas o delimitaciones, deben ser reemplazadas o reforzadas para asegurar la separación entre zonas de maquinaria y de personas. En presencia de acumulaciones de agua o barro, es necesario restablecer el drenaje, instalando nuevas canalizaciones o limpiando y desobstruyendo las existentes, devolviendo así la funcionalidad y la seguridad al área.

En todos los casos, el mantenimiento correctivo exige una actuación rápida, el registro de los incidentes y, cuando es posible, el análisis de las causas para evitar recurrencias. Consultar manuales técnicos y recurrir a profesionales especializados mejora la eficacia de las reparaciones y la vida útil de las instalaciones.

CONSEJO

Se puede desarrollar un plan de mantenimiento correctivo, para lo cual será necesario consultar las indicaciones que cada fabricante proporciona sobre el elemento en cuestión, desde una máquina compleja, como puede ser un motocultor de gran potencia, hasta una pieza tan sencilla como un gotero. El libro de instrucciones nos informa de cuándo llevar a cabo las tareas de sustitución de piezas, así como del mantenimiento.

---

7. Implementos, recambios, herramientas y maquinaria para limpieza y conservación

☞ **HILO CONDUCTOR**

Teniendo en cuenta que la eficiencia en las tareas de mantenimiento no solo depende de la habilidad al realizarlas, sino de la disponibilidad de los recursos, Jorge ha decidido que en el vivero no debe faltar ni una sola pieza o herramienta para el cuidado de su equipo. Ha dispuesto los implementos, los recambios y los productos de limpieza de forma accesible, asegurándose de que, ante cualquier necesidad, su equipo de trabajo cuente siempre con todo lo indispensable para mantener la maquinaria y las instalaciones en perfecto estado de funcionamiento.

El mantenimiento de maquinaria e instalaciones exige el uso de equipos mecánicos y herramientas de calidad, preferiblemente de marcas profesionales, para garantizar eficiencia, seguridad y durabilidad.

Son necesarias máquinas eléctricas, como la amoladora, además de una gran diversidad de utensilios manuales, como destornilladores o llaves fijas. Una correcta selección, organización y almacenamiento de estos elementos optimiza el trabajo, y también reduce riesgos y costes.

Las máquinas y los elementos necesarios en un taller de mantenimiento y reparación son los siguientes:

- **Afiladora:** es una máquina de pequeño tamaño que se coloca de manera fija en la mesa de trabajo del taller y que consta de un motor que hace girar una o dos piedras sobre las cuales se coloca el elemento para afilar, por ejemplo, la cuchilla de una máquina cortacésped, una tijera de poda, etc.
- **Amoladora:** es portátil, parecida a un taladro, pero con la diferencia principal de que en lugar de una broca tiene un disco que se usa para afilar herramientas y cortar y pulir otros materiales, sobre todo metales.
- **Columna para taladrar:** es una máquina fija, colocada en el banco de trabajo del taller, que se emplea para realizar agujeros en piezas metálicas.
- **Sierra mecánica:** se emplea para cortar metales sobre todo, aunque también puede emplearse en plásticos. Consta de una cuchilla que se mueve a gran velocidad accionada por un motor. Pueden ser máquinas colocadas de forma fija en los bancos de trabajo o portátiles.
- **Torno:** se emplea para cortar piezas de metal con formas geométricas concretas. Suelen ser máquinas fijas en el taller y de un gran tamaño.
- **Fresadora:** es una máquina que se encuentra fija en el taller y se usa para modificar el tamaño y la forma de las piezas metálicas. La fresadora ejerce un rozamiento sobre las piezas que modificar mediante una serie de discos y brocas, de manera que va desgastando la superficie hasta obtener el tamaño y la forma deseados.
- **Soldadora:** se usa para unir dos piezas, habitualmente de metal. Consta de un motor eléctrico que proporciona el calor necesario para fundir un material que, una vez enfriado, hará de elemento de unión entre las piezas soldadas. Son máquinas portátiles.
- **Taladro:** su utilización básica es la de realizar agujeros, pero, a diferencia de la columna de taladrar, es una máquina portátil, pudiendo así manejarse más fácilmente. La mayoría de los taladros disponen de una serie de accesorios que los convierten en máquinas muy versátiles, ya que se les pueden adaptar lijas, discos de corte o afilado, etc.
- **Lijadora:** se emplea para dejar las superficies lisas. Suelen ser portátiles, para poder acceder a zonas difíciles.
- **Compresor de aire:** se usa para la limpieza en general de piezas. Consta de un motor que primero toma aire del exterior y lo comprime, para luego expulsarlo con una gran presión a través de un conducto en forma de pistola.
- **Hidrolimpiadora:** es un equipo que utiliza agua a alta presión para limpiar eficazmente superficies, maquinaria, herramientas y espacios de trabajo, eliminando suciedad, residuos, grasa y restos orgánicos. Su uso en el mantenimiento y la conservación es fundamental, ya que ayuda a prevenir la acumulación de suciedad que puede generar deterioro, resistencias en el funcionamiento y riesgos de salud o accidentes. Además, contribuye a prolongar la vida útil de las herramientas y los equipos, manteniendo condiciones higiénicas en el entorno laboral y asegurando un rendimiento óptimo.

Dentro de las herramientas y los accesorios manuales, se incluyen utensilios diseñados para tareas de ajuste, corte, medición y sujeción. Es necesario seleccionar la más adecuada para cada tarea para garantizar precisión, seguridad y eficiencia en el trabajo. Son las siguientes:

- **Cajas y mesas portaherramientas.** Las cajas y las mesas portaherramientas son elementos esenciales para mantener el orden y la accesibilidad en cualquier taller. Fabricadas en materiales resistentes como plástico de alta densidad, metal o madera, estas estructuras pueden ser portátiles, con asas ergonómicas para facilitar su transporte, o fijas, diseñadas para instalarse en bancos de trabajo o paredes. Suelen incluir compartimentos ajustables, cajones extraíbles o bandejas organizadoras, lo que permite clasificar las herramientas por tamaño, tipo o frecuencia de uso. Su función principal es proteger los utensilios de la humedad, el polvo y los golpes, al mismo tiempo que agilizan su localización durante las tareas de mantenimiento. Para optimizar su uso, es recomendable elegir modelos con cierre hermético y etiquetar cada sección según el tipo de herramienta que contenga. Además, las cajas con compartimentos acolchados son ideales para herramientas delicadas, como destornilladores de precisión o aparatos de medición, evitando que se dañen o pierdan. En talleres móviles o espacios reducidos, las mesas portaherramientas con ruedas ofrecen una solución práctica para tener todo el equipo a mano sin ocupar espacio permanente.
- **Tornillo para banco de trabajo.** El tornillo para banco de trabajo, también conocido como mordaza de banco, es un dispositivo de sujeción imprescindible en cualquier taller mecánico o de mantenimiento. Está compuesto por una base robusta de acero, un husillo roscado que permite ajustar la presión y dos mordazas (una fija y otra móvil) que se accionan mediante una palanca o manivela. Fabricado en acero templado, está diseñado para soportar altas presiones y sujetar piezas de trabajo de manera segura durante operaciones como el corte, el lijado, el taladrado o el ensamblaje. Su uso es especialmente útil para evitar movimientos indeseados en piezas de madera, metal o plástico, garantizando precisión y seguridad. Para proteger materiales delicados, se recomienda colocar protectores de goma o plástico en las mordazas. Es fundamental verificar que las superficies de sujeción estén limpias y alineadas antes de usarlo, y evitar ejercer una presión excesiva que pueda deformar la pieza o dañar el mecanismo del tornillo.
- **Llaves de distintos tipos.** Están diseñadas para apretar o aflojar tuercas y tornillos, y se clasifican según su forma y su función. Las llaves fijas, fabricadas en acero al cromo-vanadio, tienen bocas abiertas o cerradas y están disponibles en medidas estándar para ajustarse a tamaños específicos de tuercas. Por su parte, las llaves ajustables cuentan con una mandíbula móvil que permite adaptarse a diferentes diámetros, mientras que las llaves de vaso, usadas con una llave de trinquete, son

ideales para trabajar en espacios reducidos o con tornillos hexagonales. Su uso es fundamental en el mantenimiento de maquinaria, estructuras metálicas y sistemas de fijación. Para evitar dañar las cabezas de los tornillos, es crucial seleccionar la medida exacta y aplicar la fuerza en el sentido correcto. Además, se debe evitar golpearlas o usarlas como palanca, ya que esto puede deformarlas o reducir su vida útil. Las llaves de calidad suelen incluir mangos ergonómicos para mayor comodidad y resistencia al deslizamiento.

⮞ **Martillos y mazas.** Utilizados para golpear, deformar o ensamblar piezas. Los martillos tradicionales constan de una cabeza de acero forjado y un mango de fibra de vidrio o madera, y se diferencian según su diseño: los de bola son ideales para trabajos mecánicos, los de uña para clavar o extraer clavos, y los de peña para golpear cinceles. Las mazas, en cambio, tienen la cabeza fabricada en goma, plástico o nailon, lo que permite ejercer fuerza sin dejar marcas en superficies delicadas. Su uso abarca desde el ensamblaje de componentes hasta la deformación controlada de metales. Para garantizar la seguridad, es importante elegir un martillo con el peso adecuado para la tarea y revisar periódicamente el estado del mango para evitar roturas. En trabajos que requieren precisión, como el ajuste de piezas pequeñas, se recomienda utilizar martillos de oreja, que ofrecen un mayor control sobre la dirección y la intensidad del golpe.

⮞ **Cinceles.** Son para el corte manual. Se fabrican en acero templado, con un extremo afilado y una cabeza plana diseñada para ser golpeada con un martillo. Existen diferentes tipos según su aplicación: los cinceles planos se usan para cortar o desbastar material, los de desbaste para eliminar exceso de metal y los en frío para trabajar piezas sin calentar. Son esenciales en tareas como el ranurado, el marcado o el conformado de metales, maderas o piedras. Para un uso seguro y eficiente, es fundamental mantener el filo afilado y libre de rebabas, utilizando una piedra de afilar cuando sea necesario. Además, se deben usar gafas de protección para evitar lesiones por proyecciones y sujetar la pieza de trabajo de manera estable antes de aplicar el golpe. Almacenarlos en estuches acolchados o colgados en un tablero ayuda a preservar su filo y evitar accidentes.

⮞ **Limas.** Se utilizan para eliminar impurezas, suavizar bordes o dar forma a piezas de metal, plástico o madera. Están fabricadas en acero al carbono y presentan una superficie dentada que varía en grano (basto, medio o fino) y forma (plana, redonda, triangular o cuadrada), según el tipo de trabajo. Las limas bastas son ideales para desbastar material rápidamente, mientras que las finas permiten lograr acabados precisos. Para prolongar su vida útil, es recomendable limpiarlas con un cepillo de alambre después de cada uso y evitar ejercer presión lateral, ya que esto puede dañar los dientes. Al almacenarlas, deben colocarse en posición horizontal o colgadas, nunca apiladas, para evitar que se deformen.

Lubricar la lima con un poco de aceite antes de usarla en metales duros facilita el trabajo y reduce el desgaste.

- **Destornilladores.** Son básicos en cualquier taller, diseñados para apretar o aflojar tornillos. Constan de un vástago de acero templado y un mango ergonómico de plástico o goma antideslizante, y se clasifican según el tipo de punta: plana, estrella, etc. Su uso es esencial en el mantenimiento de maquinaria, equipos electrónicos y estructuras ensambladas. Para evitar dañar la cabeza del tornillo, es crucial seleccionar la punta adecuada al tipo de ranura y aplicar la fuerza de manera axial, nunca lateral. En espacios de difícil acceso, los destornilladores magnéticos o flexibles ofrecen mayor versatilidad. Además, es recomendable utilizar destornilladores de precisión para trabajos delicados, como el ajuste de componentes electrónicos, y almacenarlos en estuches organizadores para proteger sus puntas y evitar que se doblen.

- **Sierras.** Las sierras manuales son herramientas de corte compuestas por una hoja dentada de acero al carbono o bimetálico, montada en un arco ajustable o un mango ergonómico. El tamaño y la forma de los dientes varían según el material que cortar: las hojas con dientes pequeños y angulares son ideales para metales, mientras que las de dientes grandes se usan para madera o plástico. Su aplicación abarca desde el corte de perfiles y láminas hasta el despiece de piezas en mantenimiento. Para obtener resultados óptimos, es importante elegir la hoja adecuada según el material (medido en dientes por pulgada, TPI) y lubricarla con aceite de corte para reducir la fricción y prolongar su vida útil. Durante su uso, la pieza debe estar firmemente sujeta y el operario debe utilizar guantes de protección para evitar cortes con los bordes afilados.

- **Punzones.** Son herramientas de marcado y alineación fabricadas en acero templado, con una punta afilada o redondeada según su función. Los punzones de centrar se utilizan para marcar el punto exacto donde se realizará un taladro, mientras que los de trazar sirven para dibujar líneas guía en superficies metálicas. Su uso es fundamental en tareas de precisión, como el ensamblaje de componentes o la preparación de piezas para mecanizado. Para garantizar un marcado claro y preciso, el punzón debe golpearse con un martillo de manera perpendicular y controlada, evitando inclinaciones que puedan desviar la punta. Después de cada uso, es recomendable limpiar la punta y almacenarlos en estuches acolchados para evitar que se desafilen o dañen.

- **Tijeras de chapa.** Son herramientas diseñadas para cortar láminas de metal, plástico o fibra de vidrio con precisión. Están fabricadas en acero al cromo y cuentan con mangos largos que proporcionan la palanca necesaria para cortar materiales de hasta varios milímetros de grosor. Algunas incluyen empuñaduras ergonómicas y sistemas de ajuste de apertura para adaptarse a diferentes espesores. Su uso es común en chapistería, mantenimiento de estructuras y trabajos de bricolaje. Para evitar accidentes, es fundamental utilizar guantes de protección y sujetar la chapa de manera estable durante el corte. Además, se recomienda lubricar las articulaciones periódicamente y evitar forzar la herramienta si la hoja no avanza, ya que esto puede dañarla o producir cortes irregulares.

- **Alicates.** Los alicates son herramientas versátiles compuestas por dos brazos articulados con mordazas en el extremo, fabricados en acero al cromo-vanadio para mayor resistencia. Existen diversos tipos según su función: universales (para sujetar), de corte (para alambres), de presión (para anillos o arandelas) y de punta fina (para trabajos de precisión). Son esenciales en tareas como el doblado, el corte o el retorcido de cables, así como en el ensamblaje de piezas pequeñas. Para un uso seguro, es importante elegir el tipo adecuado según la tarea y evitar utilizarlos como martillo o palanca, ya que esto puede deformar las mordazas. Mantenerlas limpias y bien alineadas garantiza un agarre firme y prolonga su vida útil.

- **Aparatos de medición.** Los aparatos de medición son herramientas indispensables para garantizar la precisión en cualquier trabajo de mantenimiento. Los flexómetros consisten en una cinta metálica graduada con un gancho extensible, ideal para medir longitudes de manera rápida. Los calibres o pies de rey, por su parte, permiten medir diámetros internos, externos y profundidades con una precisión de hasta 0.02 mm en modelos digitales. Fabricados en acero inoxidable, son resistentes a la corrosión y al desgaste. Para mantener su exactitud, es fundamental calibrarlos periódicamente y evitar golpes o caídas. Después de cada uso, deben limpiarse y almacenarse en estuches protectores para evitar daños en las escalas o los mecanismos de ajuste.

- **Pistolas de lubricación y engrase.** Las pistolas de lubricación son herramientas diseñadas para aplicar aceite o grasa en puntos específicos de la maquinaria, como cojinetes, articulaciones o cadenas. Pueden ser manuales o neumáticas, y constan de un depósito para lubricante, una boquilla ajustable y un gatillo que regula el flujo. Su uso es clave para reducir el rozamiento y el desgaste en componentes móviles, prolongando la vida útil de los equipos. Para un funcionamiento óptimo, es recomendable utilizar el lubricante especificado por el fabricante y limpiar la boquilla después de cada uso para evitar obstrucciones. En sistemas neumáticos, es importante regular la presión según las necesidades del equipo. Almacenarlas en un lugar seco y protegido de la suciedad garantiza su correcto mantenimiento.

Todas las tareas de limpieza, conservación y arreglo se realizan en el taller mecánico, lugar que hay que gestionar adecuadamente y donde todo debe estar colocado ordenadamente.

Cada utensilio, herramienta o máquina auxiliar ha de tener asignado un lugar concreto. Asimismo, será necesario disponer de un banco de trabajo, un tablero de pared y algunas estanterías o cajones clasificadores para almacenar los repuestos más habituales.

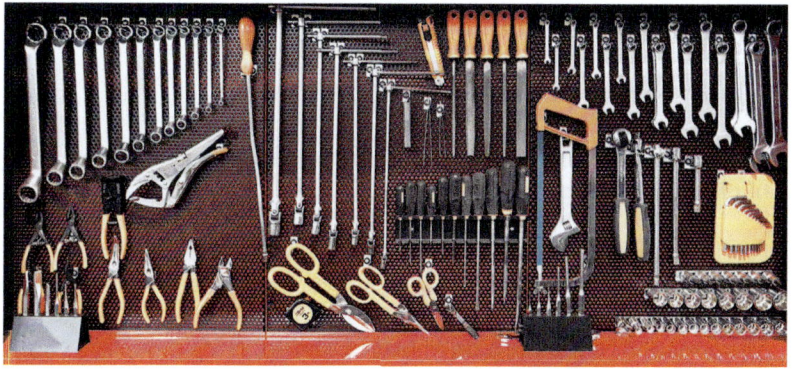

Tablero de pared, para organizar las herramientas manuales del taller (© Fotografía: D-VISIONS / Shutterstock.com)

8. Taller y almacén

👉 HILO CONDUCTOR

En el vivero, Jorge ha acondicionado un espacio específico como taller y almacén. Esta área, bien estructurada, no solo sirve para guardar las herramientas de manera ordenada y segura, sino que también es el centro de operaciones donde se realizan las tareas de mantenimiento y reparación, garantizando que el equipo esté siempre en perfectas condiciones y listo para su uso.

La gestión de un vivero o centro de jardinería depende, en gran medida, del correcto funcionamiento de su maquinaria, sus herramientas y el resto de los útiles y los accesorios.

El taller de mantenimiento y reparaciones, así como el almacén de implementos, recambios y materiales, son zonas de gran importancia, ya que garantizan la disponibilidad de los elementos necesarios para realizar todas las operaciones culturales.

La organización de estos espacios es fundamental para transformar un entorno de trabajo potencial de caos y riesgos en un motor de productividad, seguridad y eficiencia.

8.1. Funcionamiento y organización del taller

El taller de reparaciones es el espacio donde se realizan las tareas de mantenimiento y se reparan la maquinaria y las herramientas.

Las tareas de **mantenimiento se llevan a cabo periódicamente** con una continuidad en el tiempo, es decir, se ejecutan bajo un calendario de trabajos. Además, se deja constancia de las tareas realizadas a cada máquina en su correspondiente **libro de mantenimiento.**

Este libro sirve para gestionar desde el taller todo lo relacionado con la maquinaria, llevando un control actualizado de su estado mecánico, su capacidad de trabajo, el rendimiento y los costes de mantenimiento. Esta información es muy útil a la empresa para decidir el momento adecuado en que la máquina debe ser sustituida por otra más rentable.

Las **reparaciones se llevan a cabo bajo demanda,** según las necesidades, cuando alguna máquina o equipo se avería. Hay reparaciones muy pequeñas y de bajo coste, como, por ejemplo, cambiar una bujía gastada, y otras muy costosas y complicadas, como cambiar completamente un motor averiado de un motocultor.

El **protocolo de funcionamiento** más habitual en un taller consiste en ir generando una serie de **documentos técnicos** conforme se va actuando sobre la máquina o herramienta. Los más habituales son:

◆ **Parte de recepción.** Es lo primero que se realiza. En este documento se recogen todos los datos identificativos de la máquina o herramienta que hay que arreglar, como son marca, modelo, potencia, tamaño, etc. También se anota la fecha, la persona que hace entrega de la máquina y se especifica un apartado donde se detallan los fallos que presenta la máquina, por ejemplo, que el acelerador de una motosierra se ha roto.
◆ **Tabla de diagnosis.** Seguidamente, se refleja en un el estudio llevado a cabo de la avería y de cómo solucionarla, así como las necesidades de recambios, recursos, equipos y tiempo necesarios para arreglarla.
◆ **Orden de reparación.** A partir de la tabla de diagnosis, se realiza este documento donde se indican detalladamente las tareas que hay que realizar para la reparación. Este documento es de uso interno, por lo que

cada empresa debe realizar su propio modelo. Habitualmente, las órdenes de trabajo suelen llevar los siguientes datos:

- Fecha de entrega.
- Identificación de la máquina o herramienta que reparar.
- Diagnosis de la avería.
- Tareas que se deben realizar.
- Identificación de la persona que emite la orden.
- Observaciones sobre los recambios necesarios.

➲ **Aprovisionamiento de recambios.** Hay ocasiones en las que los recambios necesarios no están disponibles en el almacén, por lo que habrá que conseguirlos. Dependiendo de si la pieza o repuesto se obtiene con mayor o menor rapidez, la máquina que reparar pasará a la siguiente fase o permanecerá en espera hasta disponer del recambio.

➲ **Reparación.** Una vez que se dispone de la orden de reparación y de los repuestos necesarios, se procede a la reparación propiamente dicha. En ocasiones, cuando se trabaja con una máquina, suelen surgir nuevas averías que anteriormente no habían sido diagnosticadas, por lo que es necesario modificar la tabla de diagnóstico y conseguir más piezas o recambios.

➲ **Parte de trabajo.** Por último, se realiza un documento donde se refleja el tiempo invertido en el arreglo de la máquina, así como los recambios empleados y los gastos relacionados con el uso general del taller, por ejemplo, discos de corte de metales, electrodos de soldadura, tornillería, etc. Es el documento final que se archivará a la entrega de la máquina. Este documento debe contener una información detallada relativa a las tareas que se han llevado a cabo. Estos partes, al igual que las órdenes de trabajo, son documentos que cada empresa o entidad crea internamente. Normalmente los partes de trabajo suelen llevar los siguientes datos:

- Fechas y horarios de realización de las tareas.
- Identificación de la máquina o herramienta reparada.
- Identificación del operario que la ha reparado.
- Tareas realizadas y observaciones sobre estas.
- Otros datos u observaciones sobre la máquina o herramienta.
- Maquinaria de taller, herramientas y equipos empleados en la reparación.
- Gastos de recambios realizados, con detalle de estos.

◉ EJEMPLO

A continuación, se muestra una hipotética orden de reparación para una máquina que hay que arreglar en el taller de un vivero.

ORDEN DE REPARACIÓN
TALLER DE MAQUINARIA

Fecha de entrega	15/08/2026
Máquina/herramienta	Motoazada, marca Aratrum, modelo Terra, potencia de 7 CV. Color rojo.
Tipo de actuación	☑ AVERÍA ☐ MANTENIMIENTO
Descripción	La máquina se detiene bruscamente tras llevar diez o quince minutos trabajando.
Diagnóstico	Déficit de entrada de combustible en el motor. Poca entrada de aire en el motor. Exceso de residuos en el tubo de escape.
Tareas que realizar	Limpieza general de la máquina. Sustitución de filtros de aire y gasolina. Limpieza de tubo de escape y ajuste del carburador.
Recambios necesarios	1 filtro de aire. 1 filtro de gasolina.
Orden emitida por	Nombre Apellido1 Apellido2 Firma:

Todos los formatos de la mencionada documentación (partes, tablas y órdenes) han de ser diseñados por cada empresa con el objetivo de **registrar el trabajo** llevado a cabo en las instalaciones y controlar cuáles han sido los equipos empleados, y llevar un correcto control de la maquinaria y los equipos empleados.

También es necesario crear unas fichas con **información de los equipos propios del taller.** Se pueden diseñar varios tipos distintos, algunas específicas para los elementos eléctricos, por ejemplo, taladros, y otras más generales para las herramientas manuales.

Se debe estudiar muy bien la forma de gestionar las fichas y el registro de las tareas de mantenimiento del material del taller, ya que en muchas ocasiones el exceso de documentación acaba siendo un problema, al entorpecer continuamente el trabajo.

Teniendo en cuenta que la organización adecuada del taller facilita el trabajo diario, previene accidentes y reduce tiempos de inactividad, este debe dividirse en zonas claramente definidas para evitar confusiones y optimizar el flujo de trabajo, como pueden ser:

- **Recepción y diagnóstico.** Un área inicial para recibir las herramientas y las máquinas averiadas, donde se realice una inspección preliminar. Aquí se pueden colocar mesas de trabajo con iluminación LED ajustable para examinar detalles finos, como el filo de las tijeras de poda o el estado de las cadenas de motosierras.
- **Reparación principal.** Espacio central con bancos de trabajo robustos, equipados con tornillos de banco, prensas y herramientas manuales fijas. Esta área debe tener acceso fácil a tomas de corriente y sistemas de extracción de humos, especialmente para tareas que involucren soldadura o uso de pulverizadores.
- **Almacenamiento.** Estanterías modulares y armarios con etiquetas claras para clasificar herramientas por tipo y frecuencia de uso. Por instancia, las herramientas manuales como serruchos y tijeras de poda pueden almacenarse en paneles perforados con ganchos, permitiendo un acceso rápido y visual.
- **Limpieza y mantenimiento.** Un rincón dedicado a la limpieza, con fregaderos industriales, cepillos y solventes biodegradables adecuados para eliminar residuos vegetales o aceites de desbrozadoras y cortasetos.
- **Zona de pruebas.** Un espacio al aire libre o ventilado para probar las máquinas, asegurando que no generen polvo o ruido que afecte al interior del taller.
- **Residuos.** Esta área está destinada a la gestión y el almacenamiento temporal de los residuos generados para su posterior descarte o reciclaje, cumpliendo con las normativas ambientales correspondientes.

Deben clasificarse en contenedores específicos según su naturaleza, diferenciando entre peligrosos (como aceites y baterías), no peligrosos (por ejemplo, cartón o plástico) y específicos (neumáticos). La zona de almacenamiento debe ser impermeable y contar con elementos para la recogida de derrames. Se debe llevar un registro detallado de los residuos y las empresas que los gestionan, o de su posterior destino, para garantizar la trazabilidad de estos.

Los equipos de aire a presión utilizan mangueras y cables, por lo que su ubicación no debe molestar para la realización de las tareas de mantenimiento del resto de los elementos. Los equipos de elevación y arrastre, como, por ejemplo, las plataformas elevadoras fijas, también deben situarse en zonas que no molesten para el normal desarrollo de la actividad del taller.

Es recomendable que el conjunto de herramientas eléctricas con batería, como algunos taladros o atornilladores, se guarden en una misma estantería o armario junto con sus correspondientes cargadores.

La soldadora deberá guardarse junto a sus accesorios: máscara de protección, electrodos, etc., en un lugar seco y alejado de humedades.

En ocasiones, puede ser necesario el uso de equipos específicos para pintura, como pistolas pulverizadoras, máscaras, etc. Todo el material relacionado con esa tarea, deberá estar situado en el mismo lugar.

En el taller es muy importante disponer de un espacio con distintos envases para recoger y clasificar los residuos, debiendo estar organizado para que estos sean agrupados según su naturaleza: aceites, neumáticos, piezas metálicas, plásticos, etc.

 **RECUERDA**

Debe existir una zona específica para depositar los residuos en distintos contenedores clasificados según su naturaleza. También hay que llevar un registro detallado de la procedencia de los residuos y de las empresas que los gestionan para garantizar la trazabilidad.

- -

Una organización eficiente reduce costes, al minimizar pérdidas de herramientas y tiempos de búsqueda, que se estiman en un 20 o 30 % del tiempo de trabajo en talleres mal organizados.

Además, fomenta un ambiente de trabajo motivador y seguro, prolongando la productividad en el mantenimiento de equipos. Si se implementan estas pautas, el taller no solo será funcional, sino también adaptable a futuras expansiones o nuevas tecnologías, como herramientas robotizadas.

8.2. Almacén de implementos, recambios y materiales

El almacén de recambios, materiales y demás útiles relacionados debe dividirse en varias partes claramente diferenciadas:

- **Recepción.** Es el área destinada a la revisión de los materiales que llegan para confirmar su estado, su cantidad y que coinciden con los pedidos realizados.
- **Almacenaje.** En esta zona se guardan los materiales, los recambios y los útiles. Para una correcta gestión, se lleva a cabo una zonificación y se definen ubicaciones específicas para cada producto considerando su naturaleza. Para programar el almacenaje de recambios y materiales correctamente, será necesario conocer la capacidad de carga y el estado en que se encuentran las estanterías y el resto de los elementos del taller, ya que hay que asignar los espacios para que su duración sea la máxima. En algunos casos, será necesario un almacén específico para materiales peligrosos, que debe estar bajo llave y cumplir determinados requisitos técnicos. Hay algunos productos que tienen fecha de caducidad, como, por ejemplo, las correas de transmisión de algunas máquinas. Este tipo de elementos deben ser organizados en estanterías de manera que se vayan usando los que tienen la fecha de caducidad más próxima.
- **Oficina.** En esta zona se gestiona el control de las mercancías que entran y salen, así como el inventario en tiempo real. Este control es fundamental para calcular el momento idóneo para hacer reposiciones y evitar la falta o el exceso de material. Existen aplicaciones informáticas que facilitan estas tareas. Además, debe existir una zona, una estantería o un cajón, donde se almacenen todas las fichas técnicas y las hojas informativas de cada producto proporcionadas por los fabricantes.
- **Residuos.** Hay que establecer un sistema de clasificación separando los materiales en contenedores específicos. Los residuos más comunes en este tipo de almacén incluyen envases y embalajes de plástico, cartón, madera y metal provenientes de las piezas y las herramientas que llegan al inventario. Además, pueden generarse residuos peligrosos como aceites, grasas, líquidos de baterías o anticongelantes que a menudo vienen en pequeñas cantidades. El área de residuos debe estar ubicada en una zona controlada, con el suelo sellado y resistente a derrames. Deben existir elementos de contención de vertidos accidentales. Todos los contenedores deben estar correctamente etiquetados para indicar su

contenido y su nivel de peligrosidad. También hay que llevar un registro de la cantidad y el tipo de residuos generados, así como de las empresas autorizadas que se encargan de su recogida.

 **PARA SABER MÁS**

Para ampliar los conocimientos sobre el almacenamiento de productos químicos peligrosos, puedes visitar la siguiente web. Accede desde aquí:

https://redirectoronline.com/3050040309

El almacén del taller debe estar fabricado con materiales que garanticen su durabilidad y la facilidad de mantenimiento. Las paredes y los suelos deben ser de hormigón liso, gres industrial o materiales impermeables, de tal manera que se puedan limpiar frecuentemente. También tienen que ser resistentes frente a posibles derrames de aceites o productos químicos. Es conveniente el uso de revestimientos plásticos en zonas de residuos y fitosanitarios para evitar filtraciones.

Las estanterías de acero galvanizado o aluminio permiten una correcta organización de los materiales, soportan peso y evitan la corrosión provocada por la humedad ambiental que suele existir en viveros de plantas.

La distribución interna requiere una zonificación clara y accesible. Es fundamental contar con pasillos suficientemente anchos para el paso de carretillas y de personal, facilitando la rápida localización de cada herramienta o recambio.

La iluminación, artificial y natural, debe ser suficiente para evitar accidentes por falta de visibilidad y favorecer el trabajo seguro en cualquier momento del día.

Debe disponer de sistemas de prevención de incendios, como extintores bien ubicados, detectores de humo, rociadores, etc., y señalizar las rutas de evacuación, especialmente en áreas donde se almacenan líquidos inflamables o baterías. Tiene que contar con señalización clara sobre peligros y normas de uso, con instrucciones visibles en caso de emergencia.

RECUERDA

Para garantizar la seguridad, un almacén debe tener las rutas de evacuación claramente señalizadas y estar equipado con sistemas de prevención de incendios.

En un vivero o centro de jardinería, el almacén debe estar ubicado en una zona cercana al taller, pero separada de áreas de cultivo, para evitar contaminación cruzada por productos químicos o residuos. También debe considerarse la proximidad a zonas de carga y descarga, facilitando el acceso de proveedores sin interferir con el tráfico de clientes o personal propio.

Es necesario cumplir estrictamente la normativa vigente para el almacenamiento de productos y residuos peligrosos. Las zonas para materiales químicos deben ser independientes, cerradas y dotadas de cubetas de retención por si se producen fugas o derrames. Todos los productos deben estar debidamente registrados y rotulados, y la fichas de seguridad deben estar accesibles.

9. Resumen

En viveros y centros de jardinería se utiliza una amplia variedad de maquinaria, herramientas y accesorios, cada uno con componentes específicos según su motorización, sus piezas móviles y las exigencias de trabajo.

La motosierra se usa para cortar ramas gruesas y eliminar tocones; el cortasetos y la tijera eléctrica dan forma a setos y arbustos. El motocultor y la motoazada preparan el suelo, mientras que la desbrozadora elimina malas hierbas en zonas complicadas. La sopladora y la aspiradora retiran restos vegetales, la pulverizadora aplica fitosanitarios y la abonadora distribuye nutrientes.

El equipo multifunción destaca por su versatilidad, permitiendo tareas como poda en altura y desbroce mediante el cambio de accesorios. Actualmente, la mayoría de los equipos existen en versiones eléctricas y de gasolina.

Las herramientas manuales, como azadas, palas, rastrillos o regaderas, son esenciales para labores de suelo, siembra y trasplante. Su correcta limpieza, afilado, desinfección y almacenamiento previenen el desgaste y la propagación de enfermedades.

Los talleres incluyen maquinaria eléctrica y herramientas manuales que deben almacenarse de forma ordenada y señalizada en bancos, paneles o estanterías. Se organizan en zonas diferenciadas: recepción, diagnóstico, reparación, limpieza, pruebas y gestión de residuos.

El protocolo de funcionamiento exige documentar todas las etapas: recepción, diagnóstico, órdenes de reparación, uso de recambios e intervenciones realizadas, manteniendo un historial detallado de cada equipo.

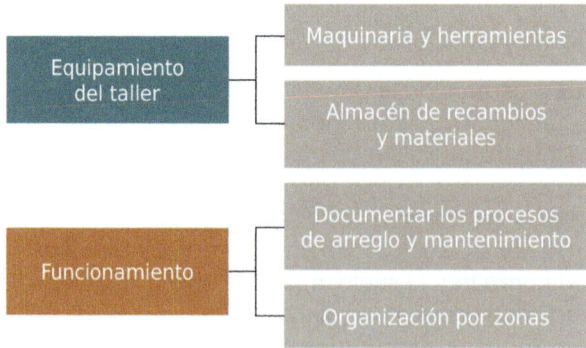

El mantenimiento preventivo y correctivo abarca limpieza, engrase, ajustes, sustitución de piezas, afilado y control de niveles. En las instalaciones, se busca garantizar el buen estado de riegos, almacenes y accesos, actuando con rapidez ante averías.

Ejercicios de autoevaluación
Unidad de Aprendizaje 3

1. Indica si la siguiente oración es verdadera o falsa: "Una motosierra es básicamente una cadena con dientes que gira a gran velocidad impulsada por un motor que puede ser de combustión o eléctrico".

   ■ Verdadero
   ■ Falso

2. ¿Cuál de las siguientes máquinas tiene dos ruedas motrices?

   a. El motocultor
   b. La motoazada con cuchillas para arar la tierra
   c. La motoazada
   d. El motocultor con tubo de soplado/aspiración

3. Indica si la siguiente oración es verdadera o falsa: "El sistema de acople del cortasetos, con motor de combustión, permite intercambiar de forma sencilla y segura los distintos accesorios".

   ■ Verdadero
   ■ Falso

4. En un taller, ¿cómo se llama el documento que recoge los datos identificativos de la máquina o la herramienta que reparar, como la marca, el modelo, la potencia o el tamaño?

   a. Parte de recepción
   b. Parte de diagnosis
   c. Orden de recepción
   d. Orden de reparación

5. Relaciona los siguientes conceptos:

   a. Batería
   b. Combustión
   c. Cabezal de corte
   d. Sopladora/aspiradora

— Desbrozadora
— Motor eléctrico
— Bolsa recolectora
— Gasolina

6. **Completa los espacios en blanco de la siguiente frase, escogiendo dos de las palabras propuestas:**

Trepadoras – Serruchos – Tijeras – Tocones – Cortasetos – Viñas

"Este tipo de _____ también tienen gran utilidad en la jardinería ornamental y en la viticultura, donde se valoran su precisión y su rapidez para podar _____, rosales, frutales y todo tipo de arbustos".

7. **De las siguientes máquinas e implementos, indica los que se utilicen para la limpieza y la conservación del resto de la maquinaria y las herramientas de un vivero:**

a. Afiladora
b. Tijeras de chapa
c. Tijeras pendulares
d. Centrifugadora

8. **En el equipo multifunción, ¿cómo se llama la pieza que permite intercambiar de forma sencilla y segura los accesorios?**

a. El sistema a presión
b. El sistema de acople
c. El sistema de transmisión
d. El eje de las cuchillas

9. **Indica si la siguiente oración es verdadera o falsa: "Los motocultores tienen dos depósitos: uno para la gasolina y otro para el aceite del motor. Es fundamental revisarlos y mantenerlos con el nivel adecuado para el correcto funcionamiento de la máquina."**

■ Verdadero
■ Falso

10. ¿Cuál es la función del freno de cadena en una motosierra?

    a. Detener la cadena y la barra de cuchillas conjuntamente.

    b. Detener la espada, por lo que los eslabones se paran al instante.

    c. Detener la cadena y la barra guía instantáneamente.

    d. Detener la cadena instantáneamente.

Normas medioambientales y de prevención de riesgos laborales en operaciones culturales

Contenido

Objetivos

Los objetivos específicos de esta Unidad de Aprendizaje son:

→ Seleccionar el equipo de protección individual (EPI) adecuado para cada tarea según los riesgos asociados.

→ Utilizar correctamente los equipos, siguiendo las instrucciones del fabricante y las normas de seguridad.

→ Valorar la importancia del uso de los EPI para la prevención de riesgos y el cumplimiento legal.

→ Saber emplear los equipos de protección individual.

1. Introducción

La gestión de viveros y centros de jardinería supone atender tanto al cuidado del entorno natural como a la protección de la salud laboral. Las actividades culturales que se realizan para la producción y el mantenimiento de las plantas pueden generar impactos sobre el suelo, el agua y la atmósfera si no se aplican las medidas preventivas adecuadas.

El uso intensivo de los recursos naturales puede amenazar la sostenibilidad ambiental. A ello se suma la generación de residuos químicos y orgánicos, que agravan este problema. Para minimizar la contaminación, es necesario evaluar y gestionar bien los residuos.

El marco legal incluye normativas de ámbito nacional y europeo que regulan la protección del medioambiente, el uso de productos fitosanitarios, la gestión de residuos y la calidad del aire y el agua. Estas leyes obligan a prevenir los efectos negativos de la actividad viverista. También exigen reducirlos y controlarlos cuando no se puedan evitar. Entre los aspectos más destacados figuran la responsabilidad en la gestión de residuos peligrosos, el control de especies invasoras y la adopción de soluciones de bajo impacto energético.

Por otro lado, la prevención de riesgos laborales abarca desde la identificación de peligros físicos, químicos o biológicos hasta la implantación de medidas que favorezcan espacios de trabajo seguros.

La selección y el uso de equipos de protección individual, la formación orientada a buenas prácticas y la aplicación de protocolos actualizados protegen la salud y el bienestar del personal involucrado.

La integración de criterios de sostenibilidad ambiental y de seguridad en la rutina diaria es clave para el desarrollo responsable, beneficiando al conjunto de la sociedad y al propio entorno donde se desarrolla la actividad.

Jorge va a aplicar las normas medioambientales y de prevención de riesgos laborales que le permitirán no solo cumplir con la ley, sino también elevar la calidad de su trabajo y la seguridad del personal del vivero.

2. Actividades preventivas para la protección del medio natural

👉 **HILO CONDUCTOR**

Jorge es consciente de que la protección del medio natural es una parte esencial de su trabajo. Va a implementar una serie de medidas preventivas para asegurar que su vivero no solo sea productivo, sino también responsable con el entorno, protegiendo los recursos que utiliza a diario, como el suelo y el agua.

El medio natural, también conocido como medioambiente o entorno natural, engloba el conjunto de elementos vivos y no vivos que interactúan de forma natural en un ecosistema, incluyendo seres vivos, agua, suelo, aire y las relaciones entre ellos. Aunque los términos medioambiente y medio natural son a menudo intercambiables, el primero abarca también aspectos sociales y económicos, mientras que el segundo se centra más en los componentes naturales.

Según la **Organización de las Naciones Unidas (ONU),** el medioambiente es el conjunto de componentes físicos, químicos, biológicos y sociales capaces de causar efectos directos o indirectos, en un plazo corto o largo, sobre los seres vivos y las actividades humanas.

En un vivero o centro de jardinería, el medio natural se refiere al entorno donde se desarrollan las plantas, incluyendo los recursos naturales utilizados (agua, nutrientes del suelo, etc.) y los impactos generados por las operaciones culturales y otras actividades relacionadas con el cultivo.

La preocupación por la protección del medio natural ha evolucionado significativamente a lo largo del siglo XX y principios del XXI. En 1945, la creación de las Naciones Unidas marcó un hito en la cooperación internacional, aunque inicialmente las cuestiones ambientales no fueron prioritarias, centrándose más en el uso de recursos naturales.

Durante la década de 1960, los primeros acuerdos internacionales abordaron problemas específicos como la contaminación marina, especialmente los derrames de petróleo, reflejando una creciente sensibilidad hacia los impactos del desarrollo económico.

Un hito clave fue la **Conferencia de la Naciones Unidas sobre el Medio Humano,** celebrada en **Estocolmo, en 1972,** considerada la primera cumbre global dedicada al medioambiente. Esta reunión internacional enfatizó la necesidad de prevenir el deterioro ambiental mediante políticas integradas con el desarrollo económico, reconociendo que las actividades humanas como la agricultura intensiva generan residuos y contaminantes que afectan al medio natural.

2.1. Evaluación de riesgos medioambientales

Las labores que se ejecutan en un vivero o centro de jardinería siempre implican algún tipo de riesgo para el medio natural.

Estas tareas pueden ser el **uso de productos contaminantes** (fitosanitarios o fertilizantes), la **emisión de residuos industriales** procedentes de la maquinaria usada (aceites, lubricantes o neumáticos), así como **contaminación acústica, la generación de restos orgánicos, desechos plásticos, envases,** etc.

SABÍAS QUE...

La introducción de plantas no autóctonas, muy comunes en viveros ornamentales, puede convertirse en un problema si estas escapan al medio natural y se convierten en invasoras, desplazando a las especies nativas. Las especies invasoras pueden alterar ecosistemas, reducir la biodiversidad y afectar la polinización o la calidad del suelo. El riesgo de que algunas especies exóticas puedan causar daños en el medio natural está actualmente minimizado por leyes que controlan el flujo de vegetales entre distintos países.

A continuación, se explicarán algunos de esos riesgos.

Residuos

En la actividad viverista se generan toda clase de residuos, desde pequeños recipientes de productos químicos hasta grandes rollos de plásticos procedentes de invernaderos o umbráculos, pasando por material de riego defectuoso o palets para el transporte de plantas.

En su conjunto, se consideran como residuos agrícolas y presentan un riesgo para el medio natural si no se gestionan correctamente.

Estos residuos no deben depositarse en los contenedores públicos de basura, salvo aquellos que claramente provengan de actividades complementarias al viverismo, como restos de oficina (papel, cartón, plástico procedente de envoltorios, etc.).

Está prohibido abandonarlos, tirarlos o quemarlos de forma descontrolada, y si el vivero no puede gestionarlos por sí mismo, tiene la obligación de entregarlos a una empresa especializada en residuos para que los recicle o elimine.

Es fundamental contar con un documento que **justifique la correcta gestión de los residuos** entregados a terceros. Este es el único medio para demostrar la legalidad de sus acciones ante las autoridades medioambientales y agrarias. La entrega de este documento implica que la responsabilidad se traslada del poseedor o productor inicial al nuevo poseedor, quien se convierte en el gestor. En los últimos años, se han ido incorporando normativas sobre la correcta gestión de residuos, poniendo cada vez más énfasis en los aspectos ambientales del proceso.

Además, las comunidades autónomas pueden solicitar un registro interno de la explotación que detalle todas las operaciones de gestión y la presentación de una declaración anual a la Administración competente.

Un actor clave en la gestión de residuos es el **gestor autorizado.** Estas son empresas cuya actividad principal es la recogida, el transporte y el tratamiento de residuos. La autorización se obtiene a través del organismo autonómico competente. En la mayoría de los casos, se trata de empresas privadas.

 PARA SABER MÁS

En toda España opera una entidad, reconocida y autorizada oficialmente, que se encarga de gestionar los envases procedentes de usos agrícolas (fitosanitarios, fertilizantes, semillas, así como plásticos y otros materiales). En esta web podrás obtener más información, accede desde aquí:

Continúa en página siguiente >>

<< Viene de página anterior

https://redirectoronline.com/3050040401

En viveros y centros de jardinería, los residuos se pueden clasificar atendiendo a su **composición:**

Residuos plásticos	- La mayoría de las macetas, las bandejas, los envoltorios y las láminas de plástico no son biodegradables, por lo que pueden contaminar si son arrastrados por el viento o el agua, contaminando ecosistemas cercanos. Esto afecta a la biodiversidad al ingresar en las cadenas alimentarias de animales silvestres.
Residuos químicos	- Son los restos de fitosanitarios y fertilizantes utilizados, y representan un riesgo tóxico. Si no se gestionan correctamente, pueden infiltrarse en el suelo o el agua, causando intoxicaciones en la fauna y la flora.
Residuos orgánicos	- Son los restos de podas, plantas enfermas o descartadas, así como algunos sustratos, que pueden generar metano en los vertederos si no se compostan. En viveros mal gestionados, estos residuos pueden fomentar plagas o enfermedades si se acumulan.

Agua

El cultivo de plantas en viveros demanda un consumo continuo de agua para mantener el crecimiento óptimo de las especies, lo que implica un uso intensivo de recursos hídricos, y también genera una serie de riesgos ambientales graves, como la sobreexplotación de fuentes naturales o la contaminación derivada de prácticas agrícolas inadecuadas.

Esta dependencia puede llevar a un **desequilibrio hidrológico,** sobre todo en zonas con escasez de agua. Además, el manejo deficiente de productos químicos que se añaden al agua de riego puede propagar contaminantes a otros ecosistemas cercanos.

Los principales riesgos ambientales que tiene el viverismo para el agua son:

Consumo excesivo
- El cultivo de plantas requiere grandes cantidades de agua para riego, especialmente en climas secos o en producción intensiva. Esto puede agotar acuíferos subterráneos o láminas de agua (lagos, ríos, etc.), afectando a ecosistemas acuáticos y a la disponibilidad para otros usos.

Contaminación por escorrentía
- Los fertilizantes y los fitosanitarios pueden lavarse con el agua de riego e infiltrarse en el suelo. Además, el alto contenido de sodio en el agua puede acumularse, causando toxicidad en las plantas y salinización de los acuíferos.

Impacto químico
- Los productos fitosanitarios pueden contaminar ríos y lagos, afectando a la calidad del agua de riego, así como a la biodiversidad acuática. En las plantas del vivero, esto se refleja en problemas como la alteración del pH.

Atmósfera

Los daños ambientales en la atmósfera suelen ser menos visibles y perceptibles en comparación con otros como el agua o el suelo. Esto incluye una variedad de emisiones contaminantes y partículas volátiles que pueden afectar a la atmósfera.

Diariamente, al realizar tareas de cultivo, como el empleo de maquinaria y el manejo de sustancias químicas, se liberan gases y compuestos, los cuales deterioran el aire local y contribuyen a problemas más amplios como el cambio climático. Estos gases también contribuyen a la formación de contaminantes secundarios.

Los riesgos de causar algún daño en la atmósfera son debidos a:

Emisiones de gases de efecto invernadero
- El uso de maquinaria libera CO_2 y otros gases. Además, la descomposición de residuos orgánicos produce metano, contribuyendo al calentamiento global.

Volatilización de químicos
- Los fitosanitarios y los fertilizantes se evaporan, liberando compuestos orgánicos volátiles que afectan a la calidad del aire y pueden formar esmog. Esto es común en viveros con fumigaciones frecuentes, e impacta en la salud humana y animal en áreas cercanas.

Polvo y partículas
- Labores como la preparación de sustratos o el transporte generan polvo, capaz de transportar patógenos o contaminantes, lo que afecta a la atmósfera local y puede provocar problemas respiratorios.

 CONSEJO

Para minimizar el impacto de los gases dañinos para la atmósfera, es preferible usar maquinaria con motor eléctrico, que genera menos contaminantes.

Suelo

El suelo representa el medio principal y fundamental en viveros y centros de jardinería, sirviendo como base para el enraizamiento y la nutrición de las plantas cultivadas. Al mismo tiempo, su degradación es un riesgo común y persistente derivado de prácticas intensivas que **alteran su estructura y su composición química.**

Mediante el abonado y el aporte de enmiendas, así como con la aplicación de productos muy dañinos, como los herbicidas, se van acumulando en el terreno sustancias que reducen su fertilidad y que, además, pueden tener efectos negativos, como la erosión o la pérdida de biodiversidad, esencial para la salud del suelo. Los principales riesgos que corre el suelo debido al cultivo de plantas en viveros y centros de jardinería son:

Contaminación química	- Los fertilizantes y los pesticidas se acumulan, alterando el pH, reduciendo la biodiversidad microbiana y causando toxicidad. Esto puede llevar a la infertilidad del suelo a largo plazo.
Erosión y compactación	- El tráfico de maquinaria y la remoción frecuente de plantas erosionan el suelo, perdiendo nutrientes y materia orgánica. En viveros expuestos, esto aumenta la sedimentación en los ríos.
Salinización	- El uso excesivo de fertilizantes salinos o agua de riego con alto sodio acumula sales, reduciendo la productividad y afectando a las plantas nativas. En suelos expuestos al sol, esto se agrava por evaporación.

2.2. Medidas de prevención medioambiental

Las operaciones culturales del cultivo de plantas, aunque se realizan en entornos controlados, pueden generar impactos ambientales relevantes si no se aplican medidas de prevención. A continuación, se detallan las principales **actividades preventivas** organizadas por áreas.

Gestión eficiente del agua

El agua es un recurso limitado y su uso excesivo o inadecuado puede producir salinización de suelos, lixiviación de nutrientes y sobreexplotación de acuíferos, afectando a la disponibilidad del recurso para otros usos. Para no contaminar el agua del medio natural, es necesario llevar a cabo las siguientes **medidas preventivas:**

➲ **Riego localizado.** Usando sistemas de riego como el goteo o el riego exudante (mediante tuberías porosas, superficiales o enterradas), se puede suministrar agua directamente a la zona radicular de las plantas, reduciendo drásticamente las pérdidas por evaporación y escorrentía superficial. Este método asegura que cada gota de agua sea aprovechada de manera óptima por la planta.

➲ **Uso de nuevas tecnologías.** Los sistemas de riego inteligentes optimizan el consumo de agua mediante sensores que evitan el exceso de riego. La tecnología también sirve para detectar fugas, permitiendo reparaciones rápidas.

➲ **Reutilización de aguas de drenaje.** Consiste en recoger el exceso de agua que drena de las macetas o contenedores. Esta agua, que a menudo contiene nutrientes y fertilizantes disueltos, se filtra y se devuelve al sistema de riego. Esto no solo reduce el consumo de agua, sino que también evita que los nutrientes lixiviados contaminen el suelo y los acuíferos subterráneos.

- **Captación de aguas pluviales.** Mediante la instalación de canalones, embalses o cisternas, se recolecta el agua de lluvia. Almacenar este recurso natural disminuye la dependencia de fuentes externas, como pozos o la red pública, y contribuye a la autosuficiencia hídrica del vivero, reduciendo los costes y la presión sobre los recursos locales.

- **Control de calidad del agua.** La monitorización periódica de parámetros como el pH y la conductividad eléctrica es crucial para impedir problemas de salinidad y acumulación de contaminantes. Un agua de mala calidad puede ser tóxica para las plantas y dañar el sustrato a largo plazo, afectando tanto al cultivo como al entorno.

- **Gestión sostenible.** Es fundamental para garantizar la viabilidad económica y ambiental del vivero a largo plazo. Al optimizar su uso, se previenen daños como la degradación del suelo por sales, la contaminación de fuentes de agua dulce y la sobreexplotación de acuíferos, asegurando la disponibilidad de este recurso para las futuras generaciones y los ecosistemas circundantes.

 **VÍDEO**

En el siguiente vídeo podrás ver cómo se hace una gestión eficiente del riego mediante el uso de nuevas tecnologías como la termografía.

Accede al vídeo desde aquí:

https://redirectoronline.com/3050040402

ACTIVIDAD COMPLEMENTARIA

Analiza los siguientes enlaces y responder a la siguiente cuestión:

Para realizar una gestión eficiente del agua se pueden usar técnicas como el riego por goteo o las tuberías porosas, ¿qué ventajas e inconvenientes presentan cada uno de estos sistemas?

https://redirectoronline.com/3050040403

https://redirectoronline.com/3050040404

Uso sostenible del suelo y sustratos

El suelo y los sustratos son la base del cultivo. Su gestión inadecuada puede degradar ecosistemas y agotar recursos no renovables, comprometiendo la calidad del cultivo. Para evitar que se causen daños al medio natural, hay que llevar a cabo las siguientes **medidas preventivas:**

Uso de sustratos alternativos a la turba
- La turba procede de turberas, ecosistemas que tardan miles de años en formarse y que almacenan grandes cantidades de carbono. Su extracción destruye hábitats valiosos y libera enormes cantidades de dióxido de carbono a la atmósfera, contribuyendo al cambio climático. Sustituirla por materiales renovables como la fibra de coco, el compost vegetal, la corteza de pino o astillas de madera, reduce significativamente el impacto ambiental del cultivo. Al reducir la dependencia de la turba, un recurso no renovable, y al proteger la estructura y la salud del suelo, se garantiza la sostenibilidad del sistema productivo. Esto asegura la salud del cultivo a largo plazo, ya que un suelo sano es la base para plantas fuertes y resistentes, y se contribuye a la protección de la biodiversidad en los ecosistemas circundantes.

Prevención de la erosión y la compactación
- La erosión del suelo, causada por el viento o la escorrentía del agua, arrastra la capa fértil del terreno. Por otro lado, la compactación, provocada por el paso de maquinaria pesada, reduce la porosidad del suelo, impidiendo la correcta aireación y la infiltración del agua. El uso de bancales, de sistemas de drenaje adecuados y la cubierta vegetal entre hileras de plantas conservan la estructura del suelo, mejorando su fertilidad y su salud a largo plazo.

Diversificación de cultivos
- Los monocultivos en un mismo terreno lo empobrecen y hacen que sea más susceptible al ataque de plagas y enfermedades específicas. Al rotar o diversificar las especies cultivadas, se mejora la fertilidad natural del suelo, se rompen los ciclos de vida de las plagas y se promueve un ecosistema más equilibrado y resiliente.

Fertilización responsable

El abuso de fertilizantes, especialmente aquellos con alto contenido de nitrógeno y fósforo, provoca la contaminación de aguas subterráneas y la eutrofización de ríos y lagos, un proceso que agota el oxígeno del agua y causa la muerte de la fauna acuática. Para evitar que se causen daños al medio natural debidos a la fertilización, hay que llevar a cabo las siguientes medidas preventivas:

Planes de abonado racional
- Se basan en análisis técnicos del sustrato y de las plantas (análisis foliar) para determinar las necesidades reales de nutrientes en cada fase de crecimiento. De este modo, se evita la aplicación innecesaria de fertilizantes, se optimiza la dosis y se aporta el nutriente en el momento adecuado, reduciendo pérdidas y riesgos de contaminación.

Continúa en página siguiente >>

<< *Viene de página anterior*

> **Fertilizantes de liberación controlada o biofertilizantes**
> - Los fertilizantes de liberación controlada liberan los nutrientes de manera gradual, manteniendo un aporte constante durante un tiempo prolongado y disminuyendo la lixiviación. Los biofertilizantes, elaborados con microorganismos beneficiosos, favorecen la absorción natural de nutrientes, disminuyendo la dependencia de abonos químicos.

> **Aplicación fraccionada y localizada**
> - Consiste en dividir la cantidad total de fertilizante en varias aplicaciones a lo largo del ciclo de cultivo, distribuyéndolo de forma localizada en la zona radicular. Esto mejora la eficiencia en la absorción, evita excesos y reduce la contaminación de aguas por lavado de nutrientes.

Un manejo responsable de la fertilización no solo protege los recursos hídricos, evitando la eutrofización y la contaminación de acuíferos, sino que también reduce significativamente los costes operativos para el vivero al optimizar el uso de insumos y mejorar la eficiencia de la producción.

Protección fitosanitaria preventiva

El uso indiscriminado de productos fitosanitarios genera contaminación ambiental del aire, el agua y el suelo; crea riesgos para la salud de los trabajadores y los consumidores; y promueve la **resistencia en las plagas**, haciendo que los productos químicos sean cada vez menos efectivos. Para evitar esos riesgos, hay que tomar las siguientes medidas preventivas:

- **Monitoreo y diagnóstico temprano.** Implica la inspección regular de las plantas para detectar la presencia de plagas o enfermedades en sus etapas iniciales. Este enfoque permite actuar de manera específica y localizada solo cuando es estrictamente necesario, evitando las aplicaciones preventivas de productos químicos que no están justificadas.
- **Manejo integrado de plagas (MIP).** Es un enfoque holístico que combina diferentes estrategias. Prioriza el control biológico (uso de insectos beneficiosos, como mariquitas o avispas parasitoides, para controlar plagas), las prácticas culturales (como la poda adecuada) y el uso de variedades resistentes. Los productos químicos deben ser la última opción. Cuando se utilicen, hay que aplicarlos de forma racional y selectiva.
- **Uso racional de fitosanitarios.** Si el uso de productos químicos es inevitable, deben aplicarse siguiendo rigurosamente las instrucciones del fabricante, en las dosis mínimas efectivas y con equipos de pulverización correctamente calibrados para evitar la sobredosificación. Además, es

fundamental cumplir estrictamente con la normativa legal vigente para la manipulación y la aplicación de estos productos.

- **Medidas culturales preventivas.** Son prácticas que reducen la probabilidad de que las plagas se establezcan. Incluyen la limpieza y la desinfección de invernaderos e instalaciones, la rotación de cultivos para romper los ciclos de vida de las plagas, el uso de variedades de plantas resistentes a enfermedades comunes, y la correcta gestión del riego y la fertilización para evitar el estrés de las plantas.

El enfoque preventivo en la protección fitosanitaria es crucial para minimizar los riesgos para el medioambiente, los trabajadores y los consumidores finales. Al reducir la dependencia de productos químicos, se preservan la calidad del suelo y el agua, se mantiene un ecosistema más saludable dentro del vivero y se reduce el riesgo de que los productos lleguen a la cadena alimentaria.

RECUERDA

Para detectar la presencia de plagas o enfermedades, en sus etapas iniciales es necesario realizar un monitoreo y un diagnóstico temprano, lo cual implica la inspección regular de las plantas.

Gestión de residuos y envases

Un vivero genera restos vegetales, plásticos (macetas, bandejas), envases de fitosanitarios y otros residuos que, si no se gestionan correctamente, pueden contaminar el entorno, especialmente suelos y aguas. Las medidas preventivas para evitar la contaminación del medio mediante residuos y envases son:

- **Separación en origen.** Consiste en clasificar los residuos en el mismo lugar donde se generan. Esto facilita enormemente su posterior reciclaje y reduce los costes de eliminación, ya que los materiales limpios y separados son más fáciles de procesar. Los viveros deben tener contenedores específicos para plásticos, papel/cartón, restos vegetales y envases peligrosos.
- **Reutilización de materiales.** Es un principio clave de la economía circular. Reutilizar materiales como bandejas de alvéolos, macetas, tutores y estructuras de soporte alarga su vida útil y reduce la demanda de

nuevos plásticos, lo que disminuye la cantidad de residuos generados y los costes de adquisición de materiales.

⮕ **Compostaje de restos vegetales.** Los restos de poda, hojas muertas y sustratos viejos no son basura, sino un recurso valioso. Al compostarlos, se transforman en una enmienda orgánica rica en nutrientes que puede ser utilizada para mejorar la estructura y la fertilidad del suelo, cerrando el ciclo de la materia orgánica y evitando la necesidad de fertilizantes adicionales.

⮕ **Gestión segura de envases peligrosos.** Los envases de productos fito-sanitarios son residuos altamente peligrosos debido a los restos tóxicos que pueden contener. En España, el sistema SIGFITO (sistema integrado de gestión de envases de fitosanitarios) garantiza que estos envases sean recogidos, gestionados y tratados de forma segura, evitando la contaminación de suelos y aguas por residuos tóxicos.

Una gestión adecuada de residuos transforma lo que sería un problema de contaminación en una oportunidad para **generar recursos valiosos** (como el compost) y reducir costes operativos. Además, previene de manera di-recta la contaminación del suelo y el agua, demostrando un compromiso con el medioambiente y mejorando la imagen del vivero.

Ahorro y eficiencia energética

Los invernaderos requieren grandes cantidades de energía para calefac-ción, refrigeración e iluminación, lo que puede aumentar la huella de car-bono que genera la instalación. Para evitar ese riesgo, hay que aplicar las siguientes medidas preventivas:

Energías renovables (solar, biomasa)
- La instalación de paneles solares fotovoltaicos para generar electricidad o el uso de calderas de biomasa (que queman restos vegetales) para la calefacción del invernadero reducen la dependencia de combustibles fósiles, como el gas o el gasóleo. Esto no solo disminuye las emisiones de gases de efecto invernadero (CO_2), sino que también protege al vivero de las fluctuaciones en los precios de la energía.

Eficiencia en calefacción y refrigeración
- Se pueden implementar medidas de aislamiento, como el uso de cubiertas dobles o pantallas térmicas retráctiles en el interior de los invernaderos, para retener el calor en invierno y reflejar la radiación en verano. Una buena ventilación natural también reduce la necesidad de sistemas de refrigeración forzada.

Continúa en página siguiente >>

<< Viene de página anterior

Iluminación LED
- Las luces LED son mucho más eficientes que las lámparas tradicionales. Además, los sistemas de iluminación LED para el crecimiento vegetal pueden emitir espectros de luz específicos (rojo, azul) que son óptimos para la fotosíntesis, lo que mejora la eficiencia energética y el crecimiento de las plantas.

El ahorro energético no solo disminuye las emisiones de gases de efecto invernadero, ayudando a mitigar el cambio climático, sino que también **mejora la rentabilidad del vivero** a largo plazo al reducir significativamente los costes operativos y hacerlo más competitivo en el mercado.

Conservación de la biodiversidad

El viverismo puede contribuir tanto a la protección como a la pérdida de biodiversidad, dependiendo de sus prácticas. Si se gestiona correctamente, puede ser una herramienta clave para la conservación de especies vegetales. Las medidas preventivas que tomar para evitar daños en la biodiversidad son:

Producción de especies autóctonas

- Al cultivar y comercializar plantas nativas de la región, el vivero contribuye directamente a la reforestación y la restauración de ecosistemas locales, como bosques, humedales o matorrales. Esto favorece a la fauna local que depende de esas plantas para alimentarse o refugiarse, y reduce la presión sobre la flora silvestre.

Prevención de especies invasoras

- Es vital asegurar que las plantas cultivadas no sean especies invasoras o que no contengan propágulos de ellas. Una especie invasora es aquella que, al ser introducida en un nuevo hábitat, se reproduce y se dispersa de manera descontrolada, desplazando a las especies nativas y alterando los ecosistemas. Los viveros deben tener protocolos estrictos para evitar la introducción accidental de estas plantas.

Continúa en página siguiente >>

<< Viene de página anterior

Creación de hábitats auxiliares
- La integración de elementos naturales en el diseño del vivero, como setos de plantas autóctonas, charcas o zonas de refugio, fomenta la presencia de fauna beneficiosa, como polinizadores (abejas, mariposas, etc.), y controladores naturales de plagas (mariquitas, aves, etc.). Esto refuerza el control biológico y la resiliencia del ecosistema del vivero.

Preservar la biodiversidad no es solo un objetivo ambiental, también es una estrategia para asegurar un ecosistema diverso, más estable y menos susceptible al ataque de plagas o enfermedades, lo que lo hace más productivo y sostenible a largo plazo.

3. Legislación medioambiental

☞ HILO CONDUCTOR

Jorge le da mucha importancia al cumplimiento de la legislación medioambiental, ya que sabe que ello le permitirá contribuir al cuidado del medio natural. Ha contratado un servicio externo de asesoramiento que le ayudará en todo lo relacionado con la aplicación de la normativa vigente en su vivero.

La legislación ambiental es un conjunto de normas en constante evolución cuyo objetivo principal es la **protección del medio natural.** Esta normativa abarca diversas áreas, destacando la protección del aire, la gestión del agua, la protección del suelo, la conservación de la biodiversidad y la prevención de la contaminación. Para un vivero o centro de jardinería, la aplicación de esta legislación es una obligación legal que contribuye a la **sostenibilidad del negocio** y mejora su imagen ante los consumidores.

3.1. Leyes nacionales

En España existe una gran cantidad de legislación para la protección del medio natural, desde ordenanzas municipales hasta normas a nivel estatal. También se debe cumplir todo lo referente a las leyes europeas.

A nivel nacional, y muy relacionada con la protección del medio, se puede destacar la siguiente legislación:

- **Ley 7/2022, de 8 de abril, de Residuos y Suelos Contaminados para una Economía Circular.** Esta norma tiene como uno de sus objetivos principales fomentar la reducción de residuos, estableciendo concretamente la reducción del 15 % en la generación de residuos para 2030 y al menos el 65 % de reciclado municipal para 2035. También regula la descontaminación de suelos para proteger la salud humana y el medioambiente, impulsa el uso eficiente de los recursos y la reincorporación de los materiales a las cadenas de valor. Además, refuerza las obligaciones de los fabricantes para que se hagan cargo de la gestión de los residuos que generan sus productos una vez que finaliza su vida útil.
- **Ley 26/2007, de 23 de octubre, de Responsabilidad Medioambiental.** Esta ley, que transpone una directiva europea, establece un marco para la prevención y la reparación de los daños medioambientales. Un pilar clave de esta normativa es la responsabilidad objetiva, lo que significa que los operadores, como los viveros y los centros de jardinería, son responsables de los daños que causen, sin importar si hubo negligencia. Esta ley fue modificada por la Ley 11/2014, de 3 de julio, que reforzó la prevención, simplificó los procedimientos y actualizó las actividades económicas sujetas a la normativa. Ambas leyes coexisten y son aplicables.
- **Ley 42/2007, de 13 de diciembre, del Patrimonio Natural y de la Biodiversidad.** Esta ley establece el marco jurídico para la protección, el uso sostenible, la mejora y la recuperación del patrimonio natural y la biodiversidad en España. Reconoce que la biodiversidad es esencial para funciones vitales como la regulación climática y la provisión de agua. La ley protege a las especies a través del Listado de Especies Silvestres en Régimen de Protección Especial. También regula la creación de espacios naturales protegidos y aborda el problema de las especies exóticas invasoras, prohibiendo su liberación en el medio natural.
- **Real Decreto Legislativo 1/2016, de 16 de diciembre, por el que se aprueba el Texto Refundido de la Ley de Evaluación Ambiental.** Esta normativa unifica la legislación española sobre evaluación ambiental para prevenir y minimizar los efectos negativos de proyectos en el entorno natural. Su objetivo es evitar y controlar la contaminación del aire, el agua y el suelo. Regula la autorización ambiental integrada (AAI), la cual se exige para instalaciones con actividades específicas y busca simplificar los trámites administrativos al integrar todas las autorizaciones ambientales.

NOTA

La Ley 11/2014 no derogó la Ley 26/2007, sino que se integró en ella, modificando varios de sus artículos. Por tanto, ambas leyes coexisten y son aplicables.

- -

3.2. Normativa según el tipo de contaminación

Existen leyes específicas que se centran en determinados contaminantes. Algunas son a nivel europeo y otras nacionales. Las más importantes son las que se exponen a continuación.

Contaminación atmosférica

En un vivero, la contaminación del aire se debe a las emisiones de gases de la maquinaria y los vehículos. Además, ciertos plaguicidas y fertilizantes pueden liberar compuestos orgánicos volátiles (COV) que contribuyen a la formación de ozono, que daña la salud y las plantas. La legislación básica en cuanto a contaminación atmosférica es:

> **Directiva (UE) 2024/2881 del Parlamento Europeo y del Consejo, de 23 de octubre de 2024, sobre la calidad del aire ambiente y una atmósfera más limpia en Europa (versión refundida)**
> - Esta directiva busca una mejor calidad del aire en la UE para proteger la salud humana y el medioambiente.

> **Ley 34/2007, de 15 de noviembre, de Calidad del Aire y Protección de la Atmósfera**
> - Se enfoca en la protección del medioambiente y la salud, creando planes para reducir las emisiones.

> **Real Decreto 102/2011, de 28 de enero, , relativo a la Mejora de la Calidad del Aire**
> - Complementa la ley anterior fijando valores límite para contaminantes como el dióxido de azufre, el dióxido de nitrógeno y las partículas en suspensión. Juntos aseguran un control riguroso de las emisiones, promueven la reducción de la contaminación y garantizan el derecho a un aire de calidad.

Contaminación acústica

La contaminación acústica en los viveros proviene principalmente de la maquinaria y los equipos, lo que puede tener un impacto negativo en el bienestar de las personas, pudiendo causar fatiga y pérdida auditiva. Las normas más importantes sobre contaminación acústica son:

- **Directiva 2002/49/CE del Parlamento Europeo y del Consejo, de 25 de junio de 2002, sobre Evaluación y Gestión del Ruido Ambiental.** Su objetivo es crear un marco común para la evaluación y la gestión del ruido ambiental. Esta directiva tiene un enfoque unificado para combatir los efectos nocivos de la exposición al ruido.
- **Ley 37/2003, de 17 de noviembre, del Ruido.** Busca prevenir y reducir la contaminación acústica para evitar daños a la salud y al medioambiente.
- **Real Decreto 1367/2007, de 19 de octubre, por el que se desarrolla la Ley 37/2003, de 17 de noviembre, del Ruido, en lo referente a zonificación acústica, objetivos de calidad y emisiones acústicas.** Desarrolla la ley anterior, estableciendo los criterios técnicos para la clasificación de zonas y los objetivos de calidad acústica.

 EJEMPLO

Un operario utiliza una motosierra de gasolina, de gran potencia, para podar árboles. Está trabajando en una zona cercana a los almacenes y al personal que se dedica a la etiquetación de plantas. Durante seis horas consecutivas, la motosierra genera niveles de ruido superiores al límite recomendado por la normativa.

A pesar de que el operario lleva casco con protección auditiva, otros trabajadores en las inmediaciones no utilizan protectores, ya que consideran que el ruido es normal en el entorno del vivero. Tras varios días de exposición repetida, algunos empleados comienzan a experimentar zumbidos en los oídos y fatiga auditiva.

Esta situación incumple la Ley 37/2003 del Ruido y el Real Decreto 1367/2007, que establecen que cualquier actividad que genere emisiones acústicas superiores a los límites permitidos en zonas laborales debe implementar medidas de prevención, como son el uso obligatorio de EPI auditivos, la rotación de turnos, el mantenimiento de la maquinaria para reducir ruidos y la delimitación de zonas de alta intensidad sonora.

Contaminación del agua

El manejo del agua en un vivero puede llevar a la contaminación de las aguas subterráneas por la lixiviación de fertilizantes y productos fitosanitarios. La contaminación con nitratos y fosfatos puede afectar a las reservas de agua potable. Las leyes más destacables sobre contaminación del agua son:

- **Directiva 2000/60/CE del Parlamento Europeo y del Consejo, de 23 de octubre de 2000, por la que se establece un marco comunitario de actuación en el ámbito de la política de aguas (Directiva Marco del Agua).** Busca un buen estado ecológico y químico de todas las masas de agua.
- **Directiva 2006/118/CE del Parlamento Europeo y del Consejo, de 12 de diciembre de 2006, relativa a la protección de las aguas subterráneas contra la contaminación y el deterioro.** Se enfoca en la protección de las aguas subterráneas.
- **Real Decreto Legislativo 1/2001, de 20 de julio, por el que se aprueba el texto refundido de la Ley de Aguas.** Es la norma fundamental que regula el uso del agua en España.

Contaminación de suelos

El cultivo intensivo en viveros puede provocar la acumulación de residuos de abonos y fitosanitarios en el suelo, lo que altera su composición y su fertilidad. Sobre la contaminación de suelos, las leyes que hay que destacar son:

Directiva 2009/128/CE del Parlamento Europeo y del Consejo, de 21 de octubre de 2009, por la que se establece el marco de la actuación comunitaria para conseguir un uso sostenible de los plaguicidas

- Busca el uso sostenible de los plaguicidas, reduciendo los riesgos para la salud humana y el medioambiente.

Real Decreto 1311/2012, de 14 de septiembre, por el que se establece el marco de actuación para conseguir un uso sostenible de los productos fitosanitarios

- Transpone la directiva europea a la legislación española.

Otra normativa

Además de la legislación mencionada, hay otras normas que afectan a viveros y centros de jardinería, como son las relacionadas con la gestión de residuos de aparatos eléctricos y electrónicos, por ejemplo, algunos de los que se originan en el taller: taladros y amoladoras de batería, aparatos medidores, cables, etc.

- **Directiva 2012/19/UE del Parlamento Europeo y del Consejo, de 4 de julio de 2012, sobre Residuos de Aparatos Eléctricos y Electrónicos (RAEE).** Establece un marco para la gestión y el reciclaje de aparatos eléctricos y electrónicos, incluyendo su recogida, su tratamiento y su recuperación con el fin de reducir la contaminación.
- **Real Decreto 110/2015, de 20 de febrero, sobre Residuos de Aparatos Eléctricos y Electrónicos.** Regula la gestión de residuos de aparatos eléctricos y electrónicos para proteger la salud humana y el medioambiente, transponiendo la directiva europea a la legislación española.

También hay que tener en cuenta que la maquinaria y los vehículos de carga y transporte poseen neumáticos, cuya gestión hay que realizar según las siguientes leyes:

- **Directiva 2008/98/CE del Parlamento Europeo y del Consejo, de 19 de noviembre de 2008, sobre los Residuos y por la que se derogan determinadas Directivas.** Su finalidad es establecer el marco legal para la gestión de residuos en la Unión Europea, priorizando la prevención y el reciclaje, y promoviendo la reutilización de materiales.
- **Real Decreto 712/2025, de 26 de agosto, de Neumáticos al final de su Vida Útil.** Decreto que regula la gestión de neumáticos fuera de uso.

4. Riesgos laborales y medidas preventivas

 **HILO CONDUCTOR**

Además de la protección ambiental, Jorge está priorizando la seguridad de su equipo. En el vivero se identifican los riesgos laborales más comunes y se aplican las medidas preventivas necesarias para garantizar que todos sus empleados trabajen en un entorno seguro y saludable.

En el ámbito laboral, es importante comprender los conceptos de riesgo laboral y medida preventiva para garantizar la seguridad y salud de las personas.

Un **riesgo laboral** se define como la posibilidad de que una persona sufra un determinado daño derivado del trabajo. El daño puede ser una enfermedad, una patología o una lesión ocasionada con motivo de la actividad laboral. En el sector del viverismo, dada la diversidad de tareas, equipos y entornos, el personal está expuesto a una amplia gama de riesgos.

Una **medida preventiva** es el conjunto de actividades adoptadas o previstas, en todas las fases de actividad de la empresa, con la intención de evitar o disminuir los riesgos derivados del trabajo. Es fundamental llevar a cabo estas medidas para crear un ambiente de trabajo seguro y saludable.

Los **riesgos** más comunes en el trabajo de viveros y centros de jardinería, así como las correspondientes medidas preventivas, son:

- **Sobreesfuerzos musculares, fatiga postural y lesiones musculoesqueléticas.** El manejo repetitivo de cargas como macetas, sacos de sustrato, bandejas o herramientas puede provocar lesiones en la espalda, los hombros o las muñecas, especialmente si se realizan movimientos incorrectos o posturas forzadas durante largos períodos. Este riesgo es común tanto en áreas abiertas como en invernaderos, donde muchas tareas se realizan agachado o de rodillas. Para prevenirlo, es fundamental seguir la rutina correcta de levantamiento de cargas: flexionar las piernas, mantener la espalda recta, aproximar la carga al cuerpo, evitar giros bruscos y utilizar los músculos de las piernas, no los de la espalda. Además, se recomienda el uso de carros, carretillas o equipos de elevación para transportar cargas pesadas. En los invernaderos, donde el trabajo es más continuo y repetitivo, se debe implementar la rotación del personal cuando la duración de la tarea es prolongada, alternar tareas y realizar pausas activas con estiramientos para reducir la fatiga muscular.
- **Exposición a temperaturas extremas.** El personal puede estar expuesto a condiciones de calor excesivo o frío intenso, dependiendo de la época del año y del tipo de instalación. En verano, el calor puede provocar deshidratación, agotamiento o un golpe de calor, mientras que en invierno el frío puede causar hipotermia o lesiones por frío. Para prevenirlo, se debe usar ropa adecuada: ligera, fresca y de colores claros en verano; capas superpuestas y abrigadas en invierno. Es esencial mantener una buena hidratación y evitar cambios bruscos de temperatura. En el caso de los invernaderos, el riesgo de estrés térmico aumenta debido a la alta temperatura y la humedad que se acumulan en espacios cerrados. Aquí las medidas específicas incluyen ventilar adecuadamente, instalar sistemas de sombreado o nebulización, programar las tareas más pesadas en las primeras horas de la mañana o al final de la tarde, y disponer de zonas de descanso frescas y sombreadas.
- **Exposición a productos fitosanitarios y químicos.** El manejo de pesticidas, fungicidas, fertilizantes y sustratos puede implicar riesgos por

inhalación, contacto dérmico o ingestión accidental. Estos productos pueden ser tóxicos, irritantes o incluso corrosivos. Para prevenir estos riesgos, es obligatorio leer y seguir las instrucciones del fabricante, usar equipos de protección individual (EPI) certificados (guantes, mascarilla, gafas, ropa impermeable), no comer ni beber durante su manipulación, y lavarse las manos y cambiarse de ropa al finalizar. En los invernaderos, el riesgo se intensifica por la concentración de vapores tóxicos debido a la mala ventilación. Por ello, está estrictamente prohibido aplicar productos químicos en espacios cerrados sin ventilación. Se debe esperar el tiempo de seguridad indicado antes de reingresar tras una fumigación, y se recomienda el uso de mascarillas con filtro adecuado (tipo FFP2 o superior). Además, los productos deben almacenarse en zonas ventiladas, etiquetadas y fuera del alcance del público.

➲ **Caídas al mismo nivel.** Las caídas son frecuentes en los viveros debido a suelos mojados, barro, restos vegetales o superficies irregulares. En los invernaderos, el riesgo aumenta por el riego constante, que mantiene el suelo permanentemente húmedo y resbaladizo. Para prevenir estas caídas, se debe mantener el área de trabajo limpia y ordenada, usar calzado de seguridad con suela antideslizante, colocar alfombras absorbentes en zonas húmedas y señalizar los puntos peligrosos. En los invernaderos, se recomienda instalar suelos drenantes o rejillas antideslizantes, programar el riego fuera de las horas de trabajo y limpiar inmediatamente cualquier derrame. También se debe evitar el uso de mangueras a presión en pasillos de circulación.

➲ **Exposición a contaminantes biológicos.** El contacto con hongos, bacterias, esporas, polvo orgánico o excrementos de animales presentes en sustratos o plantas puede causar alergias o infecciones respiratorias. Para prevenirlas, se debe usar mascarilla cuando se manipulen sustratos o se generen partículas en suspensión, mantener una buena higiene personal (lavado de manos, cambio de ropa) y vacunarse según las recomendaciones (por ejemplo, contra el tétanos). En los invernaderos, el riesgo es mayor debido a la alta concentración de esporas y hongos en ambientes cálidos y húmedos. Por ello, es esencial controlar la humedad relativa (entre 60-70 %); desinfectar regularmente las bandejas, las macetas y las herramientas; rotar los cultivos y evitar la acumulación de material vegetal en descomposición.

➲ **Riesgo de cortes y heridas.** El uso de herramientas manuales como tijeras de podar, cuchillos o serruchos, especialmente si están en mal estado o se manejan incorrectamente, puede provocar cortes, pinchazos o desgarros. Para prevenirlos, se deben usar herramientas en buen estado, afiladas y adecuadas para cada tarea, así como guantes de protección (de cuero o goma). Nunca se deben lanzar herramientas ni llevarlas en los bolsillos, y hay que transportarlas en cajas portátiles. En los invernaderos, donde el espacio es reducido y hay más obstáculos, el riesgo de cortes por herramientas aumenta. Por ello, se debe evitar trabajar en zonas con poca visibilidad, usar herramientas con sistema de bloqueo y mantener el área de trabajo despejada para evitar movimientos bruscos.

⊃ **Fatiga visual y posturas forzadas.** El trabajo prolongado agachado, de rodillas o en posición encorvada, especialmente sobre bandejas a poca altura, de tipo semillero, puede causar dolor lumbar, fatiga muscular y problemas articulares. Además, en los invernaderos, la fatiga visual puede agravarse por el reflejo de la luz en las cubiertas plásticas o por el uso de iluminación artificial inadecuada. Para prevenirla, se recomienda alternar posturas, usar taburetes bajos o rodilleras, elevar las bandejas a la altura de trabajo cuando sea posible y realizar pausas frecuentes. En cuanto a la iluminación, se debe garantizar una luz uniforme, aprovechar la luz natural y, si es necesario, proporcionar gafas con filtro UV para proteger de los reflejos solares.

⊃ **Riesgo de atrapamientos y contacto con máquinas.** El uso de motocultores, bombas de riego, sistemas automatizados de traslado o cintas transportadoras puede generar riesgos de atrapamiento, golpes o atrapamientos mecánicos. En los invernaderos, estos riesgos son más comunes en los sistemas automatizados de riego o traslado de bandejas. Para prevenirlos, se debe formar adecuadamente al personal, mantener las protecciones de las máquinas en buen estado, detener el equipo antes de realizar ajustes y evitar introducir las manos u objetos mientras el sistema esté en marcha. Además, se deben instalar sistemas de parada de emergencia, señalizar claramente las zonas de movimiento y realizar un mantenimiento periódico de los equipos automatizados.

 PARA SABER MÁS

Muchas de las lesiones que se producen en viveros y centros de jardinería están relacionadas con la manipulación manual de cargas. En esta web podrás obtener información para prevenirlas. Accede a la web desde aquí:

https://redirectoronline.com/3050040405

5. Equipos de protección individual

 **HILO CONDUCTOR**

Siendo consciente de que los equipos de protección individual (EPI) son un recurso importante para el personal del vivero, Jorge se asegura de que se disponga de todo el material necesario, que cumpla con la normativa y que se utilice adecuadamente.

- -

Según la Ley de 31/1995 de Prevención de Riesgos Laborales, en su artículo 4, apartado 8, se entenderá por equipo de protección individual *"cualquier equipo destinado a ser llevado o sujetado por el trabajador para que le proteja de uno o varios riesgos que puedan amenazar su seguridad o su salud en el trabajo, así como cualquier complemento o accesorio destinado a tal fin".*

Su importancia es tal, que se ha desarrollado una legislación específica, como es el **Real Decreto 773/1997, de 30 de mayo, sobre disposiciones mínimas de seguridad y salud relativas a la utilización por los trabajadores de equipos de protección individual.**

Este real decreto es la norma específica que desarrolla la Ley de Prevención de Riesgos Laborales en lo referente a los equipos de protección individual (EPI).

Los EPI son una medida preventiva que se aplica cuando no es posible eliminar el riesgo o utilizar medios de protección colectiva. Deben cumplir con la normativa legal vigente e incluir siempre un marcado CE y las instrucciones de uso. La empresa debe suministrarlos y reponerlos sin coste para el personal, y revisarlos periódicamente, sustituyéndolos cuando estén deteriorados.

 **DEFINICIÓN**

Marcado CE
Es una etiqueta que garantiza que un producto cumple con los requisitos legales de seguridad, salud y protección del medioambiente de la Unión Europea (UE).

- -

Es fundamental que se utilicen y cuiden correctamente, de acuerdo con las instrucciones recibidas, y que informen de inmediato a su superior sobre cualquier defecto o daño que pueda afectar a su eficacia protectora.

La selección del EPI adecuado debe considerar las condiciones del lugar de trabajo, las características anatómicas y fisiológicas, y el estado de salud de la persona que los utilizará, siendo esencial la participación del personal en este proceso. Si se utilizan varios EPI simultáneamente, estos deben ser compatibles entre sí y mantener su eficacia.

En viveros y centros de jardinería, debido a la diversidad de tareas y riesgos, se utilizan varios **tipos de EPI:**

- **Calzado de seguridad.** El calzado de seguridad es fundamental para la protección de las extremidades inferiores. Debe ser antideslizante, y hay modelos con puntera de protección metálica y suela con lámina interior metálica para la protección contra elementos punzantes como clavos, cristales, etc. Pueden incorporar propiedades antiestáticas, absorción de energía en el tacón, resistencia a hidrocarburos, aislamiento térmico y resistencia al agua. Para trabajos con líquidos corrosivos o riesgos químicos, se usa calzado con suela especial. Para riesgo eléctrico, el calzado debe ser de material aislante y sin elementos metálicos. Las botas se recomiendan frente a los zapatos por su mayor protección y sujeción del pie. Son esenciales para la protección general en viveros y centros de jardinería, especialmente en zonas con suelos mojados o irregulares. Debe usarse en todo momento, indistintamente de la tarea que se realice, ya que protege de accidentes muy básicos como son torceduras o golpes.
- **Guantes.** Los guantes protegen las manos de cortes, quemaduras, vibraciones de máquinas y el contacto con productos químicos. Existen modelos específicos contra riesgos mecánicos, como los guantes para motosierra, así como otros para riesgos químicos. Cuando se manejan productos muy peligrosos, los guantes deben ser de nitrilo, neopreno u otro material impermeable, y cubrir las manos y parte del antebrazo. Los modelos básicos y más comunes para la manipulación de materiales, plantas, pequeña maquinaria y herramientas son los guantes de cuero. Se usan en todo tipo de trabajos.
- **Ropa de alta visibilidad.** La ropa de trabajo debe ser llamativa y de alta visibilidad cuando se trabaje en zonas con tránsito de vehículos, tanto en zonas privadas como públicas. El tejido tiene que ser ligero y flexible, que permita una fácil limpieza y desinfección.
- **Protección ocular y facial.** Las gafas de protección están diseñadas para proteger los ojos de riesgos como impactos de partículas, salpicaduras de líquidos y polvo. Existen diferentes tipos:

◑ **Gafas de montura universal:** son las más comunes, similares a unas gafas de sol con patillas. Protegen los ojos de impactos frontales de partículas, aunque algunos modelos incluyen protección lateral para una mayor seguridad. No ofrecen un sellado completo, por lo que no son adecuadas para la exposición a gases, vapores, polvo fino o salpicaduras de líquidos. Su principal ventaja es que son ligeras y cómodas, y pueden ser graduadas para quienes necesitan corrección visual.

◑ **Gafas de montura integral:** también conocidas como gafas de máscara o gafas panorámicas, se ajustan herméticamente al contorno de la cara mediante una banda elástica. Esto crea un sellado completo que protege los ojos no solo de impactos, sino también de salpicaduras de líquidos, gases, humos y polvo fino. Son ideales para entornos de trabajo donde existe un riesgo de exposición a productos químicos o materiales en suspensión. Algunos modelos cuentan con ventilación para evitar que los cristales se empañen.

Las pantallas faciales ofrecen una protección mucho más amplia, cubriendo toda la cara, desde la frente hasta la barbilla. Suelen consistir en una pantalla de plástico transparente unida a una diadema o a un casco. Son la mejor opción para protegerse de salpicaduras de gran tamaño y proyecciones de partículas a alta velocidad. Aunque son muy eficaces, no ofrecen un sellado hermético y se usan a menudo en combinación con otros protectores oculares (como las gafas de montura universal o integral) para una protección completa.

Las gafas y las pantallas faciales se usan en tareas como la poda, el desbroce, la manipulación de líquidos y los trasvases, la aplicación de fitosanitarios, el mantenimiento de equipos, la aplicación de productos químicos, en trabajos con proyección de partículas y en ambientes con polvo.

➲ **Protección auditiva.** Se usan auriculares (conocidas popularmente como orejeras) o tapones para protegerse del ruido de las máquinas. En ocasiones, pueden estar integrados en un casco de seguridad. Las orejeras y los tapones o almohadillas deben examinarse frecuentemente por el uso.

Es necesario emplearlos cuando se trabaja con cualquier tipo de máquina, como desbrozadoras, motosierras, etc., y en tareas del taller como el afilado o el lijado cuando se usan amoladoras, lijadoras, etc.

➲ **Protección respiratoria.** Incluye mascarillas autofiltrantes y equipos reutilizables con filtros específicos para partículas, gases y vapores. Se usan para proteger de productos químicos y polvo. Los filtros se clasifican en distintos tipos, dependiendo del tipo de riesgo que protejan y de su eficacia.

Se usan al trabajar con productos químicos, al exponerse al polvo, para no respirar el serrín procedente de la motosierra, y en la limpieza de depósitos e instalaciones.

- **Casco de protección.** Protege la cabeza de golpes y la caída de objetos. Puede incluir pantalla facial y protección auditiva acopladas o protección integral de cabeza, cara y oídos con visera-pantalla de rejilla. Suelen estar fabricados de polietileno o polipropileno. Es aconsejable sustituirlos al menos cada 3 años si se usan regularmente al aire libre. Hay que desecharlos si se decoloran, agrietan o crujen al doblarlos, o si han sufrido un golpe fuerte. Se deben emplear en trabajos de poda con riesgo de caída de ramas, en la plantación de árboles y en el uso de maquinaria como desbrozadoras y motosierras.

- **Cinturón o arnés.** Se incluyen en esta categoría de EPI los cinturones o arneses de sujeción para coger pesos o llevar herramientas al subir escaleras. Los cinturones o arneses de seguridad son esenciales para trabajos a más de 2 metros de altura sin barandilla. Deben atarse firmemente a un punto fijo y la cuerda no debe llegar al suelo. Son equipos de protección individual anticaídas. Se utilizan para coger pesos, transportar herramientas al subir escaleras y en trabajos en altura (por ejemplo, en plataformas elevadoras, escaleras o con cuerdas).

- **Protección solar, gorras o sombreros.** Las gorras o sombreros de ala ancha ofrecen protección adicional a la cabeza y la cara. Son necesarios en trabajos al aire libre bajo el sol y en condiciones de altas temperaturas.

- **Equipos para tratamientos fitosanitarios.** Estos equipos de protección están destinados a evitar la exposición directa del operario a productos químicos durante su preparación, su aplicación y su limpieza. Incluyen trajes específicos, impermeables, popularmente conocidos como buzos, resistentes a líquidos y micropartículas, con capucha ajustable y costuras selladas.
Los guantes deben ser específicos de nitrilo, neopreno o PVC de gran longitud y grosor para garantizar la estanqueidad. Las botas de seguridad tienen que ser resistentes a productos químicos, preferiblemente de caucho o PVC. La protección ocular y facial debe hacerse mediante el uso de gafas integrales o pantallas contra salpicaduras. Es necesario usar mascarillas o equipos filtrantes adecuados para fitosanitarios. Además, se recomiendan delantales impermeables para trasvases. La certificación CE de cada prenda o accesorio asegura su eficacia. Este tipo de equipos son indispensables en la preparación y la aplicación de productos tanto en campo abierto como en invernadero, en operaciones de trasvase y mezcla de sustancias, en la limpieza de equipos de pulverización y en el manejo de envases o residuos peligrosos.

- **Protección específica para motosierras.** Se trata de ropa que está diseñada para ofrecer una protección anticorte en caso de contacto accidental con la cadena en movimiento. Se fabrica con tejidos de fibras plásticas que bloquean o frenan la cadena al enredarse entre los piñones. Incluye pantalones o petos, chaquetas y manguitos anticorte. Estas prendas, además de ser resistentes, deben permitir flexibilidad y transpiración al operario. Se deben usar en todas las labores en las que se emplee la motosierra.

Además, existe otra serie de EPI para algunos trabajos muy específicos o que se utilizan en determinadas condiciones atmosféricas, como son las botas y los trajes de agua para usarlos cuando llueve o en zonas húmedas.

También existen espinilleras y delantales, que se usan al trabajar con desbrozadoras. Otro elemento que usa el personal en viveros y centros de jardinería son las rodilleras no compresivas para trabajos que implican arrodillarse durante mucho tiempo.

ACTIVIDAD 8

En los pasillos interiores de un vivero hay varias personas trabajando en una zona muy transitada por vehículos como pequeños volquetes y carretillas para carga y descarga. ¿Cuál de los siguientes EPI deberían usar?

- **Ropa de alta visibilidad.**
- **Ropa de alta resistencia.**
- **Pantalones o petos, chaquetas y manguitos.**
- **Gafas de montura universal para el polvo y máscara facial para los gases.**

Solución

La primera opción es la correcta, ya que la ropa de trabajo debe ser llamativa y de alta visibilidad cuando se trabaje en zonas con tránsito de vehículos, tanto en zonas privadas como públicas. El tejido tiene que ser ligero y flexible, que permita una fácil limpieza y desinfección.

6. Legislación sobre prevención de riesgos laborales

 HILO CONDUCTOR

Jorge está aplicando la legislación sobre prevención de riesgos laborales con mucha dedicación, ya que sabe que si lo hace puede garantizar un entorno de

Continúa en página siguiente >>

<< Viene de página anterior

trabajo más seguro. Se asegura de que el vivero cumpla con la Ley de Prevención de Riesgos Laborales y los reales decretos que la complementan.

Al realizar cualquier operación cultural de cultivo se corre el riesgo de sufrir un accidente. Además, existen algunas labores en las que es muy probable contraer una enfermedad; por ejemplo, si se trabaja habitualmente con productos fitosanitarios, con el paso del tiempo se pueden desarrollar problemas respiratorios y dermatológicos.

Los daños causados pueden ser físicos, pero también psíquicos y emocionales. Para prevenirlos, se ha desarrollado toda una serie de normativas, en muy diversos ámbitos (internacionales, nacionales, específicos de determinados sectores, etc.), destinadas a la prevención de riesgos laborales.

En España, la normativa básica vigente en materia de salud laboral está fijada por la **Ley 31/1995, de 8 de noviembre, de Prevención de Riesgos Laborales,** la cual determina cómo se debe establecer un correcto nivel de protección de la salud de las personas frente a los riesgos derivados del trabajo.

Los **principios generales** en los que se basa esta ley son:

- **Evitar los riesgos.** El principio fundamental es eliminar el riesgo de raíz antes de que ocurra. Esto implica analizar procesos, equipos y el entorno para erradicar la causa del peligro. Por ejemplo, en lugar de dar mascarillas contra el polvo tóxico, se debe buscar la forma de que ese polvo no se genere, eliminando por completo la exposición.
- **Evaluar los riesgos inevitables.** Si el riesgo no se puede eliminar, el siguiente paso es identificarlo y cuantificarlo. La evaluación de riesgos es un proceso sistemático para determinar la magnitud del peligro, priorizar acciones y documentar el proceso. Esta evaluación debe revisarse periódicamente.
- **Actuar sobre el origen de los riesgos.** Este principio busca resolver la causa, no el síntoma. Si el ruido es un problema, la solución no es solo dar protectores auditivos, sino identificar la máquina ruidosa y aislarla o reemplazarla por una más silenciosa.
- **Adaptar las tareas a los trabajadores.** La clave es la ergonomía. El trabajo, las herramientas y el entorno deben diseñarse pensando en las capacidades físicas y mentales de la persona. Esto reduce la fatiga, el estrés y las lesiones musculoesqueléticas.

➲ **Aplicar los últimos avances técnicos.** El empleador debe mantenerse al día e invertir en tecnología de seguridad. Esto incluye sistemas de ventilación más eficientes, maquinaria con dispositivos de seguridad integrados y software de gestión preventiva, que pueden ofrecer soluciones más avanzadas.

➲ **Sustituir los elementos peligrosos por otros con menos riesgo.** Se deben buscar alternativas más seguras para materiales o procesos peligrosos. Un ejemplo es cambiar un disolvente tóxico por uno menos nocivo o sustituir una máquina antigua por una con mejores medidas de seguridad.

➲ **Planificar la prevención.** La prevención debe ser una acción proactiva y planificada, no una reacción a un accidente. Se debe integrar en todas las decisiones de la empresa, desde la compra de equipos hasta la organización del trabajo, estableciendo responsabilidades, recursos y metas.

➲ **Actuar en primer lugar con medidas de protección colectiva.** Antes de usar equipos de protección individual (EPI), se deben implementar medidas que protejan a todos los trabajadores de forma simultánea, como barandillas o redes de seguridad. Estas medidas son más fiables y protegen a más personas a la vez.

➲ **Formación del personal.** Es obligatorio proporcionar a los trabajadores información y formación sobre los riesgos de su puesto de trabajo y las medidas de emergencia. La capacitación debe ser clara, comprensible y actualizada para que la plantilla sea la primera línea de defensa contra los accidentes laborales.

Desde que se publicó por primera vez la Ley de Prevención de Riesgos Laborales, ha sido complementada por varias normativas posteriores, entre las que destacan:

➲ **Real Decreto 39/1997, de 17 de enero, que aprueba el Reglamento de los Servicios de Prevención (RSP).** Esta norma es clave para organizar la prevención en las empresas. Establece las modalidades de gestión de los servicios, permitiendo a las compañías elegir entre un servicio propio, ajeno o asumido directamente, garantizando la cualificación técnica adecuada del personal.

➲ **Ley 54/2003, de 12 de diciembre, que reforma el Marco Normativo de la Prevención de Riesgos Laborales.** Esta ley reformó la LPRL con el fin de integrar la prevención en la gestión diaria de las empresas. Reforzó el marco normativo, endureció las sanciones y enfatizó que la seguridad no debe ser una actividad separada, sino parte del sistema de gestión.

➲ **Real Decreto 171/2004, de 30 de enero, por el que se desarrolla el artículo 24 de la Ley 31/1995 en materia de coordinación de actividades empresariales.** Esta norma tiene como objetivo fundamental prevenir accidentes cuando varias empresas trabajan en un mismo espacio. Se establecen los mecanismos de coordinación de actividades empresariales (CAE), y se definen protocolos como el intercambio de información y la presencia de recursos preventivos.

⊃ **Real Decreto 486/1997 de 14 de abril, sobre disposiciones mínimas de seguridad y salud en los lugares de trabajo.** Establece las reglas básicas de seguridad y salud para cualquier lugar de trabajo. Define los requisitos mínimos para proteger a los trabajadores frente a los riesgos derivados de las condiciones de trabajo, incluyendo aspectos como la ventilación, la limpieza y la iluminación.

⊃ **Real Decreto 1215/1997 de 18 de julio, por el que se establecen las disposiciones mínimas de seguridad y salud para la utilización por los trabajadores de los equipos de trabajo.** Se enfoca en el uso seguro de equipos laborales. Establece las medidas preventivas necesarias para garantizar que las máquinas, las herramientas y otros aparatos sean utilizados de forma segura, con el fin de reducir los accidentes en el trabajo.

⊃ **Real Decreto 773/1997 de 30 de mayo, sobre disposiciones mínimas de seguridad y salud relativas a la utilización por los trabajadores de equipos de protección individual.** Regula la utilización de equipos de protección individual (EPI). Establece los requisitos que deben cumplir los EPI, como cascos o guantes, y define las obligaciones tanto del empleador como del trabajador en lo referente a su uso.

⊃ **Real Decreto 487/1997, de 14 de abril, sobre disposiciones mínimas de seguridad y salud relativas a la manipulación manual de cargas que entrañe riesgos, en particular dorsolumbares, para los trabajadores.** Esta normativa se centra en la manipulación manual de cargas. Establece las medidas preventivas para proteger la salud de los trabajadores que levantan o transportan cargas, previniendo lesiones, especialmente aquellas que afectan a la zona lumbar.

⊃ **Real Decreto 374/2001, de 6 de abril, sobre la protección de la salud y seguridad de los trabajadores contra los riesgos relacionados con los agentes químicos durante el trabajo.** Regula la exposición laboral a agentes químicos. Establece los requisitos para evaluar los riesgos derivados de estas sustancias y las medidas preventivas y de protección que se necesitan para garantizar la salud de los trabajadores expuestos.

⊃ **Real Decreto 656/2017, de 23 de junio, por el que se aprueba el Reglamento de Almacenamiento de Productos Químicos y sus Instrucciones Técnicas Complementarias.** Define cómo se deben almacenar los productos químicos de manera segura. Establece las normas técnicas para evitar accidentes como incendios o explosiones, protegiendo tanto a las personas como al medioambiente.

Hay que tener en cuenta que algunos de estos reales decretos han sido modificados para adaptarse a nuevas necesidades, pero el núcleo de la legislación sigue vigente y en uso, sin alterar su contenido fundamental.

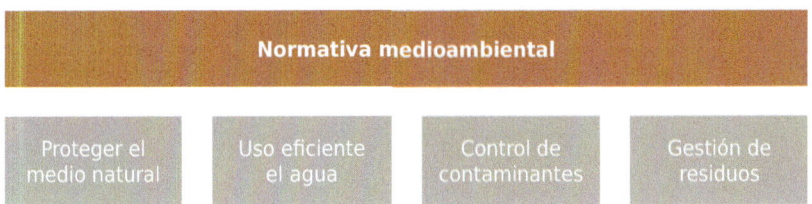

EJEMPLO

El Real Decreto 486/1997, sobre disposiciones mínimas de seguridad y salud en los lugares de trabajo ha sido modificado tras la aprobación del Real Decreto-ley 4/2023, de 11 de mayo, específicamente para abordar los episodios de calor extremo en los lugares de trabajo.

7. Resumen

La normativa medioambiental y de prevención de riesgos laborales en viveros y centros de jardinería establece un marco de actuación destinado a garantizar la sostenibilidad de las actividades y la seguridad de las personas trabajadoras. Este marco integra disposiciones legales, procedimientos técnicos y medidas organizativas orientadas a minimizar el impacto ambiental y prevenir accidentes o enfermedades profesionales.

En el ámbito de la protección del medio natural, se contemplan prácticas para la protección de los recursos naturales, como el uso eficiente del agua, el control de contaminantes y la gestión responsable de residuos. La correcta clasificación, almacenamiento y eliminación de residuos, tanto peligrosos como no peligrosos, constituye un elemento clave para evitar la contaminación y cumplir con la legislación vigente.

Normativa medioambiental

| Proteger el medio natural | Uso eficiente el agua | Control de contaminantes | Gestión de residuos |

En materia de prevención de riesgos laborales, se identifican y evalúan los peligros asociados a las tareas propias de viveros y centros de jardinería, incluyendo riesgos físicos, químicos, biológicos y ergonómicos. A partir de esta evaluación, se establecen medidas preventivas que abarcan desde la formación del personal hasta la implantación de protocolos de trabajo seguro.

La legislación aplicable, tanto a nivel nacional como europeo, define las obligaciones y las responsabilidades de empresas y trabajadores, así como los procedimientos de control e inspección. El cumplimiento de estas disposiciones no solo responde a un imperativo legal, sino que contribuye a la mejora continua de la calidad, la productividad y la imagen del sector.

Identificación y evaluación de riesgos	Establecimiento de medidas preventivas
- Físicos - Químicos - Biológicos - Ergonómicos	- Formación del personal - Protocolos de trabajo seguro - Uso del equipo de protección individual (EPI)

En conjunto, la integración de criterios medioambientales y de seguridad laboral en la gestión de viveros y centros de jardinería favorece un desarrollo más sostenible, protege la salud de las personas y preserva el entorno natural, asegurando la viabilidad a largo plazo de estas actividades.

Ejercicios de autoevaluación
Unidad de Aprendizaje 4

1. Indica si la siguiente oración es verdadera o falsa: "Las especies invasoras no autóctonas, que escapan al medio natural, pueden reducir la biodiversidad y afectar a la polinización".

   ■ Verdadero
   ■ Falso

2. ¿Qué norma reconoce que la biodiversidad es esencial para funciones vitales como la regulación climática y la provisión de agua?

   a. La Ley 42/2007, de 13 de diciembre, del Patrimonio Medio Ambiental y de la Diversidad de las Especies.
   b. La Ley 42/2007, de 13 de diciembre, de Evaluación Ambiental y Biodiversdiad.
   c. La Ley 42/2007, de 13 de diciembre, del Patrimonio Natural y de la Biodiversidad.
   d. La Ley 26/2007, de 23 de octubre, de Responsabilidad Medioambiental.

3. Indica si la siguiente oración es verdadera o falsa: "La contaminación de la atmósfera en los viveros proviene principalmente de los aceites y los lubricantes de la maquinaria y los equipos, lo que puede tener un impacto negativo en el bienestar de las personas".

   ■ Verdadero
   ■ Falso

4. Un riesgo laboral se define como:

   a. Un conjunto de actividades adoptadas o previstas, en todas las fases de actividad de la empresa, para evitar un daño a una persona mientras trabaja.
   b. Una enfermedad, patología o lesión ocasionada fuera del ámbito laboral, pero que repercute en el desarrollo del trabajo.
   c. Una norma legal diseñada para regular las condiciones de trabajo y para garantizar la salud de las personas.
   d. La posibilidad de que una persona sufra un determinado daño derivado del trabajo.

5. Relaciona los siguientes conceptos:

    a. Cinturón
    b. Contaminación del agua
    c. Ecosistemas locales
    d. Formación

    __ Flora silvestre
    __ Fertilizante
    __ Ley de Prevención de Riesgos Laborales
    __ EPI

6. Completa los espacios en blanco de la siguiente frase, escogiendo dos de las palabras propuestas:

"Auxiliar – Natural – Estado – Limpio – Ambiental – Productivo"

"Preservar la biodiversidad no es solo un objetivo _____, también es una estrategia para asegurar un ecosistema diverso, más estable y menos susceptible al ataque de plagas o enfermedades, lo que lo hace más _____ y sostenible a largo plazo".

7. ¿Cuál es el propósito principal de la Ley 26/2007, de Responsabilidad Medioambiental?

    a. Establecer un marco para la prevención y la reparación de los daños medioambientales.
    b. Regular la exposición laboral a agentes químicos.
    c. Definir cómo se deben almacenar los productos químicos de manera segura.
    d. Unificar la legislación española sobre evaluación ambiental.

8. Indica los equipos de protección individual que están diseñados para protección ocular.

    a. Gafas de montura universal.
    b. Pantalla respiratoria.
    c. Gafas de montura facial.
    d. Gafas de montura integral.

9. Indica si la siguiente oración es verdadera o falsa: "La ropa de protección para motosierras se fabrica con tejidos de fibras plásticas que bloquean o frenan la cadena al enredarse entre los piñones. Incluye pantalones o petos, chaquetas y manguitos anticorte".

   ■ Verdadero
   ■ Falso

10. ¿Dónde aumenta el riesgo de cortes por herramientas?

    a. En zonas con una humedad relativa del 70 %.
    b. En invernaderos, donde el espacio es reducido y hay más obstáculos.
    c. En las tareas de desbroce y en el taller de maquinaria.
    d. En zonas con una humedad total por debajo del 70 %.

Glosario

Abonado de fondo
Aplicación de nutrientes (orgánicos o químicos) en el suelo antes de la siembra o plantación, con el objetivo de enriquecer la capa radicular y preparar el terreno para el desarrollo inicial de las plantas.

Aclareo
Labor cultural que consiste en eliminar las plantas más débiles o excedentes de un semillero para permitir que las restantes dispongan de suficiente espacio, luz y nutrientes, lo que mejora su calidad y su desarrollo.

Apero
Implemento agrícola que se acopla a una máquina (tractor, motocultor) para realizar labores como arar, desbrozar, sembrar o cultivar.

Azufre (S)
Macronutriente secundario que forma parte de aminoácidos y proteínas, interviene en la formación de la clorofila y en la síntesis de vitaminas.

Bina
Labor superficial que consiste en remover el suelo entre hileras de cultivo, realizada con azada o implemento mecánico, para controlar las malas hierbas, evitar la compactación y mejorar la infiltración del agua.

Biodiversidad
Es la variedad de seres vivos en un ecosistema. Su conservación es crucial para la estabilidad de los ecosistemas.

Boro (B)
Micronutriente que facilita la división celular, la formación de la pared celular y el transporte de azúcares en las plantas.

Capacidad de intercambio catiónico (CIC)
Propiedad química del suelo o el sustrato que indica su capacidad para retener y liberar nutrientes esenciales (cationes como K^+, Ca^{2+}, Mg^{2+}) en forma asimilable por las raíces.

Cepellón
Conjunto de raíces y tierra adherida a ellas que se mantiene intacto al arrancar una planta, asegurando su supervivencia durante el trasplante.

Cobre (Cu)
Micronutriente que interviene en la fotosíntesis y en la activación de enzimas en las plantas.

Compost
Materia orgánica resultante de la descomposición controlada de restos vegetales, utilizada como enmienda y fertilizante natural.

Control fitosanitario
Conjunto de prácticas para prevenir y tratar plagas y enfermedades en los cultivos, protegiendo su desarrollo óptimo.

Cortasetos
Máquina con dos cuchillas móviles que se deslizan en sentido contrario, utilizada para dar forma y mantener setos, arbustos y figuras topiarias con precisión y uniformidad.

Desbrozadora
Equipo motorizado con cabezal de corte (hilo de nailon o cuchillas metálicas) utilizado para eliminar malas hierbas y vegetación densa en zonas de difícil acceso, como márgenes, pasillos o entre macetas.

Desfonde
Labor profunda que consiste en voltear y fragmentar el suelo a grandes profundidades (40-70 cm), rompiendo capas compactadas y mejorando la estructura, la aireación y el drenaje del perfil edáfico.

Despedregado
Operación de retirada de piedras del terreno mediante despedregradoras para facilitar las labores agrícolas, reducir el desgaste de las herramientas y mejorar la uniformidad del suelo.

Destoconado
Eliminación o extracción de tocones (restos de raíces y troncos) del terreno mediante maquinaria, previa a la siembra, para evitar obstáculos y focos de plagas.

Drenaje
Capacidad del suelo para eliminar el exceso de agua, evitando encharcamientos que perjudiquen las raíces.

Enmienda
Material añadido al suelo (orgánico o mineral) para mejorar sus propiedades físicas o químicas.

Entutorado
Operación de soporte a las plantas mediante tutores o estructuras para guiar su crecimiento y adaptarlas al tipo de cultivo.

EPI (equipo de protección individual)
Dispositivo o prenda de protección (guantes, casco, gafas, mascarilla, etc.) que el trabajador lleva para protegerse de riesgos laborales específicos (químicos, mecánicos, biológicos).

Escarda
Labor cultural de eliminación manual o mecánica de malas hierbas (vegetación no deseada) para reducir la competencia por el agua, la luz y los nutrientes con el cultivo principal.

Fertilidad biológica
Actividad y diversidad de organismos vivos en el suelo (microorganismos, lombrices, hongos) que contribuyen a la descomposición de la materia orgánica y la disponibilidad de nutrientes.

Fertilidad física
Capacidad del suelo para ofrecer soporte físico a la planta, determinada por factores como la textura, la estructura, la porosidad, la permeabilidad y la profundidad.

Fertilidad química
Capacidad del suelo para suministrar nutrientes esenciales a las plantas, regulada por parámetros como el pH, la conductividad eléctrica (CE) y la CIC.

Fibra de coco
Sustrato orgánico derivado de la cáscara del coco utilizado en viveros por su excelente retención de agua, su buen drenaje y su pH neutro (5,5-6,5).

Hierro (Fe)
Micronutriente que interviene en la formación de la clorofila y en procesos de oxidación-reducción en las plantas.

Humus
Materia orgánica en descomposición presente en el suelo, fundamental para su fertilidad.

Invernadero
Estructura cerrada o semicerrada con cubierta transparente que permite controlar el ambiente interno (temperatura, humedad, luz) para optimizar el crecimiento de las plantas fuera de su temporada natural.

Laboreo
Conjunto de operaciones de movimiento y mezcla del suelo para lograr una estructura esponjosa, favoreciendo la aireación, el drenaje, la retención de agua y la incorporación de enmiendas.

Labores culturales
Prácticas agrícolas como el labrado, la fertilización, la siembra y el riego para mantener las condiciones óptimas de cultivo.

Lecho de siembra
Capa superficial del suelo o el sustrato, preparada específicamente para la germinación de semillas y el desarrollo inicial de las plántulas, caracterizada por ser mullida, aireada y con buen drenaje.

Macronutrientes
Elementos nutritivos requeridos en grandes cantidades por las plantas, divididos en primarios y secundarios.

Magnesio (Mg)
Macronutriente secundario que constituye la molécula de clorofila y activa numerosas enzimas.

Malas hierbas
Especies vegetales que crecen en lugares no deseados y compiten con los cultivos.

Manejo integrado de plagas (MIP)
Técnica que combina diferentes estrategias para el control de plagas, como el uso de insectos beneficiosos o el uso de variedades resistentes.

Manganeso (Mn)
Micronutriente que activa enzimas e interviene en la fotosíntesis y la respiración de las plantas.

Materia orgánica
Componente del suelo procedente de restos vegetales y animales en descomposición que mejora la estructura, la retención de agua y la fertilidad biológica.

Microorganismos
Bacterias, hongos y otros seres microscópicos en el suelo que descomponen la materia orgánica y mejoran la fertilidad.

Motocultor
Máquina impulsada por motor, con ruedas motrices y toma de fuerza, que permite acoplar aperos para labrar, cultivar, desbrozar o transportar materiales.

Motosierra
Máquina portátil con cadena dentada accionada por motor, utilizada para cortar ramas gruesas, eliminar tocones o realizar podas de envergadura en los árboles.

Níquel (Ni)
Micronutriente que contribuye al equilibrio del hierro, regulando su absorción y su utilización en las plantas.

Nitrógeno (N)
Macronutriente primario que constituye proteínas y clorofila, y favorece el desarrollo vegetativo de las plantas.

Operaciones culturales
Conjunto de tareas agrícolas realizadas durante el ciclo de vida de las plantas para optimizar su desarrollo, incluyendo el laboreo, el riego, el abonado, la poda, el entutorado y el control fitosanitario.

Perlita
Sustrato inorgánico ligero que mejora la aireación y el drenaje.

pH
Medida de acidez o alcalinidad del suelo, parámetro clave de la fertilidad química que afecta a la disponibilidad de nutrientes.

Poda
Práctica de cortar ramas, hojas o tallos para mejorar la forma, la producción o la salud de la planta.

Riego localizado
Sistema de riego que aplica agua directamente en la zona radicular de la planta, reduciendo las pérdidas por evaporación y escorrentía, y optimizando el consumo hídrico.

Roca volcánica
Sustrato inorgánico que proporciona aireación y estabilidad estructural.

Salinidad
Concentración de sales en el suelo, parámetro de fertilidad química que puede inhibir la actividad biológica si es excesiva.

Subsolado
Labor profunda vertical que rompe las capas duras del suelo sin mezclar horizontes, mejorando el drenaje, la aireación y la penetración radicular hasta 30-100 cm de profundidad.

Suelo agrícola
Capa superficial de la corteza terrestre modificada por la acción humana para optimizar su productividad, diferenciándose del suelo natural por su intervención y su manejo continuo.

Sustrato
Material sólido distinto al suelo natural (orgánico o inorgánico) utilizado en contenedores para el cultivo de plantas, diseñado para proporcionar soporte, aireación, retención de agua y nutrientes.

Textura
Propiedad física del suelo que describe la proporción de partículas como arena, limo y arcilla.

Tocón
Resto subterráneo de raíces y tronco de una planta muerta, que actúa como obstáculo y refugio de patógenos.

Turba
Sustrato orgánico de gran capacidad de retención de agua; puede ser rubia o negra según su origen y su descomposición.

Vástago
Brote vigoroso que surge de la base del tronco o del portainjerto, que consume energía y altera la forma deseada de la planta.

Zinc (Zn)

Micronutriente que participa en la síntesis de auxinas, fitohormonas de crecimiento en las plantas.

Bibliografía

Monografías

→ BENITO Sánchez, J. A.: *Producción de plantas y tepes en vivero*. Madrid: Editorial Síntesis, 2023.

Manual especializado que desarrolla los conocimientos necesarios para realizar los trabajos habituales en vivero. Aborda desde la multiplicación y la propagación de plantas hasta el manejo de herramientas, equipos y maquinaria, todo desde el prisma de la normativa medioambiental y de prevención de riesgos laborales aplicada al sector del viverismo.

→ GIL-ALBERT Velarde, F.: *Las podas de las especies ornamentales*. Madrid: Mundi Prensa, 2019.

Obra que agrupa en un solo volumen la poda de especies arbustivas y arbóreas ornamentales, incluyendo técnicas de formación, mantenimiento y renovación, con gran cantidad de imágenes, estructura actualizada y consejos técnicos.

→ GIL-ALBERT Velarde, F.: *Preparación del medio de cultivo*. Madrid: Ediciones Paraninfo, 2024.

Guía práctica que detalla las labores culturales esenciales para el mantenimiento de suelos y cultivos, incluyendo el labrado, la fertilización, la siembra, el riego, el control fitosanitario y el entutorado, con enfoque en optimizar el desarrollo vegetal y aplicar sistemas de control ambiental.

→ NICOLAS, J. P.: *Los viveros*. Madrid: Ediciones Omega, 2005.

Libro muy ilustrado sobre el funcionamiento completo de un vivero (producción, propagación, cultivo en contenedor, organización del trabajo y control de calidad). De interés tanto para estudiantes como para profesionales, por su equilibrio entre teoría y práctica.

→ OBLARÉ Torres, J. L.: *Operaciones básicas en viveros y centros de jardinería*. Antequera: IC Editorial, 2022.

> Manual técnico y práctico que describe con precisión las labores fundamentales para el mantenimiento de suelos y cultivos en entornos viverísticos. Detalla desde la preparación del terreno y la desinfección del sustrato hasta las técnicas de siembra, trasplante, riego y abonado.

→ VV. AA.: *Manejo de instalaciones y expedición de plantas de vivero*. Madrid: Editorial MAD, 2023.

> Manual formativo que detalla el manejo eficiente de instalaciones en viveros, incluyendo el control de condiciones ambientales, operaciones de expedición y embalaje de plantas, con énfasis en normativas de calidad, trazabilidad y sostenibilidad para la distribución de material vegetal.

Textos electrónicos

→ Biorresiduos (MITECO), de:
https://www.miteco.gob.es/es/calidad-y-evaluacion-ambiental/temas/ prevencion-y-gestion-residuos/flujos/domesticos/fracciones/biorresiduos/ biorresiduos-que-aplicaciones-materiales-obtenidos.html.

> Página del Ministerio para la Transición Ecológica y el Reto Demográfico, con información sobre las aplicaciones del compost, sus propiedades y la normativa relacionada.

→ Normativa en sanidad vegetal (MAPA), de: https://www.mapa.gob.es/es/ agricultura/temas/sanidad-vegetal/nueva-normativa.

> Página web del Ministerio de Agricultura, Pesca y Alimentación, con información sobre la legislación vigente relacionada con la sanidad vegetal: plagas, enfermedades, especies invasoras, estrategias de control, etc.

→ Registro de productos fitosanitarios (MAPA), de:
https://www.mapa.gob.es/es/agricultura/temas/sanidad-vegetal/productos- fitosanitarios/registro-productos.

> Base de datos oficial del Ministerio de Agricultura, Pesca y Alimentación, para consultar los productos autorizados en el control fitosanitario en cultivos.

→ Riesgos laborales en el sector agrario (INSST), de:
https://www.insst.es/materias/sectores-de-actividad/agrario.

> Página oficial con información sobre la prevención de riesgos en actividades agrícolas, incluyendo el mantenimiento de condiciones de cultivo y el control ambiental.

Legislación

→ Ley 7/2022, de 8 de abril, de Residuos y Suelos Contaminados para una Economía Circular.

Tiene como objetivos reducir la producción de residuos, el aumento del reciclaje y determinar las responsabilidades de los fabricantes en lo que se refiere a la gestión de desechos.

→ Ley 11/2014, de 3 de julio, por la que se modifica la Ley 26/2007.

Refuerza la prevención ambiental, simplifica trámites y actualiza el listado de actividades sujetas a responsabilidad medioambiental sin derogar la ley original.

→ Ley 26/2007, de 23 de octubre, de Responsabilidad Medioambiental.

Establece obligaciones para prevenir y reparar daños al medioambiente, aplicando el principio de "quien contamina paga" a actividades económicas potencialmente dañinas.

→ Ley 42/2007, de 13 de diciembre, del Patrimonio Natural y de la Biodiversidad.

Protege la biodiversidad española, regula espacios naturales, controla especies invasoras y promueve el uso sostenible de los recursos naturales y la conservación del patrimonio ecológico.

→ Ley 31/1995, de 8 de noviembre, de Prevención de Riesgos Laborales.

Es la norma básica española que establece los derechos y las obligaciones en materia de seguridad y salud laboral, imponiendo a las empresas la obligación de prevenir riesgos.

→ Real Decreto 1311/2012, de 14 de septiembre, por el que se establece el marco de actuación para conseguir un uso sostenible de los productos fitosanitarios.

Transpone la directiva europea, regulando la formación de aplicadores, la inspección de equipos y las restricciones en zonas sensibles para un uso seguro de fitosanitarios.

→ Real Decreto 374/2001, de 6 de abril, sobre la protección de la salud y seguridad de los trabajadores contra los riesgos relacionados con los agentes químicos durante el trabajo.

Regula la evaluación y el control de riesgos por agentes químicos, exigiendo la sustitución por sustancias menos peligrosas, medidas de ventilación y el uso de EPI específicos.

→ Real Decreto 39/1997, de 17 de enero, que aprueba el Reglamento de los Servicios de Prevención (RSP).

Desarrolla la Ley de Prevención, regulando la organización y el funcionamiento de los servicios de prevención propios, ajenos o asumidos por la empresa, y asegurando la competencia técnica.

→ Real Decreto 486/1997, de 14 de abril, sobre disposiciones mínimas de seguridad y salud en los lugares de trabajo.

Fija los requisitos mínimos para los lugares de trabajo, incluyendo las condiciones de limpieza, de iluminación y de ventilación, las vías de evacuación y la señalización, garantizando un entorno seguro y saludable.

→ Real Decreto 1215/1997, de 18 de julio, por el que se establecen las disposiciones mínimas de seguridad y salud para la utilización por los trabajadores de los equipos de trabajo.

Regula la seguridad en el uso de los equipos de trabajo, exigiendo su adecuación, su mantenimiento, la formación del usuario y medidas de protección frente a riesgos.

→ Real Decreto 773/1997, de 30 de mayo, sobre disposiciones mínimas de seguridad y salud relativas a la utilización por los trabajadores de equipos de protección individual.

Fija las normas para la selección, el uso, el mantenimiento y la formación en EPI, asegurando que sean adecuados, certificados y compatibles, y que se usen cuando no haya protección colectiva.

→ Real Decreto 487/1997, de 14 de abril, sobre disposiciones mínimas de seguridad y salud relativas a la manipulación manual de cargas que entrañe riesgos, en particular dorsolumbares, para los trabajadores.

Establece medidas para prevenir lesiones por manipulación manual de cargas, promoviendo la mecanización, la formación y la organización del trabajo para reducir esfuerzos físicos.